内蒙古财经大学统计与数学学院学术丛书

基因调控系统的动力学分析

ANALYSES ON DYNAMICS OF GENE REGULATION SYSTEM

毕远宏　刘全生◎著

本书得到内蒙古财经大学、国家自然科学基金青年项目“调控帕金森病的自噬通路建模及其动力学分析”（批准编号：11702149）和内蒙古自然科学基金项目“非平衡基因调控系统的复杂动力学研究”（批准编号：2017MS0105）的支持。

经济管理出版社
ECONOMY & MANAGEMENT PUBLISHING HOUSE

图书在版编目（CIP）数据

基因调控系统的动力学分析/毕远宏，刘全生著. —北京：经济管理出版社，2021.1

ISBN 978-7-5096-7692-9

Ⅰ. ①基…　Ⅱ. ①毕…②刘…　Ⅲ. ①基因表达调控—动力学分析　Ⅳ. ①Q786

中国版本图书馆 CIP 数据核字（2021）第 020531 号

组稿编辑：王光艳
责任编辑：魏晨红　尹珍珍
责任印制：黄章平
责任校对：董杉珊
出版发行：经济管理出版社
（北京市海淀区北蜂窝 8 号中雅大厦 A 座 11 层　100038）
网　　址：www. E-mp. com. cn
电　　话：（010）51915602
印　　刷：唐山昊达印刷有限公司
经　　销：新华书店
开　　本：720mm×1000mm /16
印　　张：10
字　　数：108 千字
版　　次：2021 年 1 月第 1 版　　2021 年 1 月第 1 次印刷
书　　号：ISBN 978-7-5096-7692-9
定　　价：68.00 元

前　言

基因调控系统是由细胞中的DNA、RNA、蛋白质和其他一些小分子以及它们间的相互作用而构成的信号通路，分子间通过生物化学反应而相互作用，这些相互作用可由微分方程描述，通过非线性动力学的理论和方法分析方程的动力学，可以更好地了解生物系统的内在机理，因此，基因调控系统的研究在神经科学和生物医学中应用比较广泛。然而，由于细胞内部分子数目较少和外部环境的波动，系统的随机性是不可避免的，而且这种随机性对生物体的调节起到重要作用。此外，细胞不断地与外界进行信息交换，系统的细致平衡被打破而成为非平衡系统。非平衡系统的全局性质也是值得研究的问题，越来越受到人们的关注。本书针对几个基因调控系统，分别从确定性、随机性和非平衡系统的角度，探讨了系统的全局动力学和稳定性等性质。

本书利用分岔分析和能量面的方法探讨了三个基因调控系统的全局动力学和稳定性，其中包括两个与肿瘤抑制蛋白p53有关的调控系统和一个耦合正反馈回路。首先，DNA损伤会激活p53

信号通路，使 p53 表现出不同的动力学，进而调控不同的细胞命运，比如细胞周期阻滞和细胞凋亡等。p53 信号通路中的核心是 p53-Mdm2 模块，Mdm2 抑制 p53 的表达，而研究表明 PDCD5 通过调控 Mdm2 而激活 p53 的表达，因此，针对一个 PDCD5 调控 p53-Mdm2 系统，探讨了 Mdm2 的生成和降解速率对 p53 动力学和稳定性的影响。其次，基于此模型，2016 年诸葛等进一步考虑了在 Ser-395 位点磷酸化的 Mdm2 和变化的 ATM 表达而扩展了原来的模型，针对这个新模型我们讨论了 p53 的产生率和 PDCD5 的表达水平对 p53 动力学和稳定性的影响。最后，针对一个从生物系统中抽象出来的耦合正反馈回路，在其中增加了两个分子间的正反馈构造了新的模型，针对新的模型，探讨了分子间反馈强度和噪声引起双稳态切换的动力学，并用能量面解释了稳态切换的原理。

本书的研究内容及取得的创新成果主要有以下几个方面：

第一，针对 PDCD5 调控 p53-Mdm2 振子模块，利用分岔分析、能量面和概率流的方法，探讨了 Mdm2 生成和降解速率对 p53 动力学和稳定性的影响。许多模型刻画了 p53 信号通路，典型的有张晓鹏等提出的包含四个模块的模型，其中 p53-Mdm2 振子模块是 DNA 损伤后决定细胞命运的重要部分。根据这四个模块的模型，诸葛等增加了 PDCD5 对这个通路的调控而建立了新的模型；基于这个模型，探讨了 Mdm2 的生成和降解速率对 p53 动力学和稳定性的影响。我们的结果揭示了在不同 Mdm2 生成和降解速率下，p53 有丰富的动力学，包括单稳态、振荡、两个稳定的稳态以及单稳态与振荡共存的动力学。能量面进一步分析了稳态的稳定性，p53 振荡的能量面说明 p53 和 Mdm2 在低表达处较稳定；然而根据单稳态和振荡共存的能量面可以看到单稳态的稳定性随着速率的增加而增大。能量面进一步证明了 p53 振荡的物理性质，势能的负梯度力将系统吸引到振荡轨迹上，而概率流驱使系统沿着振荡轨迹运动。而且，概率流的流速越大，周期越小。此外，在单细胞水平下利用势垒高度和熵产生率分析了系统的稳定性和敏感性，并进一步比较了单细胞和多细胞水平的能量面。最后，探讨了噪声对 p53 稳定性的影响。较大的噪声强度使 p53 振荡的能量面在振荡轨迹周围扩散，势垒高度变低，周期变得分散。

第二，通过考虑 Mdm2 在 ser-395 位点的磷酸化和变化的 ATM 表达水平，诸葛等（2015）扩充了上面的 PDCD5 调控的 p53-Mdm2 模型。由于 DNA 损伤程度不同，p53 和 PDCD5 的表达水平均不同，我们探讨了 p53 产生率和 PDCD5 表达水平如何调控 p53 的动力学。从余维-2 分岔图看到，参数平面被分岔曲线分成 14 个区域，每个区域的动力学进一步由相图描述。余维-1 分岔图分析了每个区域间动力学的转变原理。进而，能量面刻画了这些区域稳态的稳定性，能量面上的负梯度力和概率流是 p53 振荡系统的两个重要特征。此外，我们也探讨了 PDCD5 调控效率对 p53 动力学的影响。PDCD5 效率参数的增加使系统产生 Hopf 分岔，p53 动力学从单稳态切换到振荡，振荡周期变化较大但振幅变化较小，而在分岔点附近的能量耗散和势垒高度变化较大，在远离分岔点处变化较小。我们的结果解释了 PDCD5 如何调控 p53 动力学。

第三，由于两个分子间的正反馈在生物系统中普遍存在，且正反馈是产生双稳态的重要条件，因此基于生物系统中一个典型正反馈回路，增加了两个分子间的反馈，而构造了一个新的模型。探讨了这两个分子间的反馈强度对系统双稳态的影响，并进一步在反馈强度上增加了高斯白噪声，结果显示，一定噪声强度使系统可以在两个稳态间切换，能量面解释了切换的原理。

本书的出版得到了内蒙古财经大学统计与数学学院学科建设经费、国家自然科学青年基金项目“调控帕金森病的自噬通路建模及其动力学分析”（11702149）、内蒙古自治区自然科学基金面上项目“非平衡基因调控系统的复杂动力学研究”（5300151）和内蒙古经济数据分析与挖掘重点实验室项目的资助，在此表示衷心的感谢！

由于笔者水平有限，本书存在错误和不足之处，恳请大家批评指正！

目　录

第一章　绪论 …………………………………………………… 1

一、研究背景与意义 ………………………………………… 1

二、研究现状 ………………………………………………… 4

三、本书的研究工作 ………………………………………… 7

第二章　基础知识 ……………………………………………… 10

一、基因调控系统中的分子生物学概念 …………………… 10

（一）基因表达中的基本成分 …………………………… 10

（二）基因表达 …………………………………………… 12

（三）基因调控系统的研究内容 ………………………… 16

二、基因调控系统的确定性模型及研究理论 ……………… 17

（一）常微分方程及希尔函数 …………………………… 17

（二）稳定性分析和分岔理论 …………………………… 21

三、基因调控系统的随机动力学理论和方法 ……………… 29

（一）化学主方程和Gillespie算法 …………………… 29

（二）化学朗之万方程 …………………………………… 32

（三）福克尔-普朗克方程 ……………………………… 34

四、非平衡系统 ………………………………………………… 35

（一）非平衡系统的基本概念 ………………………… 35

（二）能量面和概率流 …………………………………… 39

本章小结 ……………………………………………………… 43

第三章　p53-Mdm2振子的动力学和稳定性……………… 44

一、生物背景 …………………………………………………… 44

二、p53-Mdm2模型和能量面方法………………………… 46

（一）p53-Mdm2模型 …………………………………… 46

（二）能量面方法 ………………………………………… 49

三、研究结果 …………………………………………………… 51

（一）Mdm2生成速率调控的p53-Mdm2振子的
动力学和稳定性 ………………………………………… 51

（二）Mdm2降解速率调控的p53-Mdm2振子的
动力学和稳定性 ………………………………………… 58

本章小结 ……………………………………………………… 70

第四章　PDCD5 调控的 p53-Mdm2 模块的分岔分析和能量面 …………………………………………… 72

一、生物背景 …………………………………………… 72

二、模型方程 …………………………………………… 73

三、研究结果 …………………………………………… 79

（一）无量纲化 ……………………………………… 79

（二）p53 振荡的周期和振幅对参数变化的敏感性分析 ……………………………………… 81

（三）余维-2 分岔分析……………………………… 82

（四）余维-1 分岔分析……………………………… 93

（五）能量面和全局动力学 ………………………… 97

（六）PDCD5 调控效率对系统的影响 ……………… 99

本章小结…………………………………………………… 103

第五章　基于能量面的噪声引起的双稳态切换的动力学 …………………………………………… 105

一、生物背景 …………………………………………… 105

二、模型引入 …………………………………………… 106

三、研究结果 …………………………………………… 109

（一）余维-2 和余维-1 分岔确定的双稳态区域 …… 109
（二）反馈强度引起的双稳态切换动力学 …………… 110
（三）基于能量面的两个稳态的稳定性分析 ………… 114
本章小结 ………………………………………………………… 116

第六章　结论和展望 ……………………………………… 118

一、本书总结 …………………………………………………… 118
二、研究展望 …………………………………………………… 121

参考文献 ………………………………………………………… 122
后　记 …………………………………………………………… 146

第一章 绪论

一、研究背景与意义

1953年，詹姆斯·杜威·沃森和弗朗西斯·克里克提出了DNA的双螺旋结构，标志着分子生物学进入一个新时代，使生物学由宏观进入微观。现代技术的发展获得了海量数据，这些数据揭示了基因和蛋白质之间的作用关系，根据它们之间的作用构成基因调控系统，研究它们可以阐明生命本质和疾病发生的机理。因此，基因调控系统的研究是后基因时代的重要课题。

基因调控系统由DNA、RNA、蛋白质和其他分子构成，并刻画它们之间的相互作用，主要描述了基本的生命过程——基因表达，基因表达将含有遗传信息的DNA序列转录为RNA，RNA进一步翻译为具有生物活性的蛋白质分子。基因表达的每个阶段都存在调控，几乎所有的基因都是可调控的而且是必须被调控的，才使蛋白质的表达水平达到细胞所需的最适量。基因受到调控的主要作用物是激活和阻遏调控蛋白。激活蛋白的增加使靶基因的表达水平上升，形成正调控；然而阻遏蛋白则会抑制蛋白的表达构成负调控。一系列的调控构成的回路促进蛋白质的表达则为正反馈回路，反之为负反馈回路，它们是基因调控系统中普遍存在的现象，对基因调控系统的动力学行为有十分重要的影响，会使系统产生多稳态、振荡和混沌等现象。

基因调控系统的研究可以获得许多重要的生命信息，如基因的功能、基因之间的协同作用关系、基因及其产物的生产过程和调控关系以及系统中的信息传输等。将获得的信息进一步应用到实际中，可以寻找和识别人类致病因子，从而造福于人类。所以对基因调控系统及其动力学的研究有重要的意义。

基因调控系统的随机性是不可避免的，一般来说，这些随机性由内、外两种因素引起。一方面，各种生化反应均在细胞内进行，不同的细胞受温度、压力和各种物质的浓度分布不均匀的影响，从而导致反应速率常数的差异性，这些因素常被称为基因表达的外噪声。另一方面，细胞大小是有限的，而且其内部的分子数目也是有限的，从而导致一些生化反应的离散性及反应时间间隔的随机性，这些因素常被称为内噪声（尺寸噪声）。

基因表达的随机性对生物体的调节非常重要。比如，这种随机性可以产生表型的多样性；还可以对细胞分化过程起到积极的作用；也可以诱导相变，产生随机共振现象。而且，一些疾病也与基因表达的随机性有关。因此，研究基因调控系统的随机动力学是非常必要的。

另外，从统计力学的角度来看，人们对基因调控系统的研究，主要基于假设系统为平衡系统。平衡系统是在宏观上考虑系统，假设系统的分子个数趋于无穷多，体积趋于无穷大，而浓度是常数，温度、压强等性质在整个反应过程中都是不变的，忽略了体系的表面和界面，不考虑与外界交换信息。但实际上，系统要通过表面和界面与外界不断地交换能量和信息，打破了细致平衡，是非平衡系统。非平衡系统相比平衡系统，数学处理更复杂，但物理内涵却更丰富、更深刻，也更普遍。尽管在 19 世纪中期，非平衡系统就开始被研究，但是发展很缓慢，仍处于不断发展中。更多的学科领域开始关注非平衡系统的研究。

本书主要研究的是与肿瘤抑制蛋白 p53 相关的基因调控系统。此基因调控系统主要包括四个模块：DNA 修复模块、ATM 感应模块、p53-Mdm2 模块和细胞命运决定模块。在 DNA 损伤后，DNA 的双链断裂，DNA 修复蛋白迅速地结合在断裂的 DNA 上，形成复合物。ATM 感应到 DNA 损伤信号后，通过自磷酸化，将 ATM 的二聚体激活为磷酸化的 ATM 单体。激活的 ATM 通过加速细胞核中 Mdm2 的降解，进而激活 p53 的表达，使 p53 在不同位点磷酸化，根据磷酸化位点的不同，p53 会激活不同的下游目标基因。在 Ser-15 和 Ser-20 磷酸化的 p53 可以激活基因 p21、wip1 和 p53DINP1，从而引起细胞周期阻滞，促进 DNA 修复。然而在 Ser-46 位点磷酸化的 p53 可以激活 PTEN 和 p53AIP1，进而启动细胞凋亡。本书主要研究的是 p53-Mdm2 模块，从确定性、随机性和非平衡系统的角度，探讨速率常数对系统动力学和稳定性的影响。

二、研究现状

现在对基因调控系统的研究尚处于初级阶段，研究主要集中于系统结构、模型和动力学行为等。我们主要研究基因调控系统的动力学行为。基因调控系统可由微分方程描述，利用动力系统的理论分析方程，可以获得系统随时间和空间改变而产生的行为，也可以对系统进行动态分析（如相图）、分岔分析、稳定性、敏感性和鲁棒性等分析，从而发现基因调控系统的特定行为机理。Friedman N.（2000）、Huang Z.（2007）和 Chen T.（1999）等对基因调控系统的动力学行为进行了研究。

在理论和实践中，噪声对基因调控系统的作用已经得到广泛的研究。例如，Hasty J.（2000） 等调查了噪声对双稳性切换的影响。他们的研究结果表明，加性噪声能够诱导抑制子在两个平衡稳态间切换，而在合成率中引入的乘性噪声能够放大基因的表达，说明了这两种噪声在基因表达过程中的不同作用。相继地，Garciaojalvo J.（2004）、Wang J.（2007）和张家军（2008）研究了噪声对基因调控系统状态切换的影响。

而且，Hao Y. K.（2002）、Muratov C. B.（2005）、Deville R. E.（2007）和 Scott M.（2007）等研究了噪声在平衡态的确定性系统中可以诱导随机共振，Magnasco M. O.（1993）、Maddox J.（1994）和 Leibler S.（1994）等研究了噪声作用下非平衡态的演化。

对于平衡系统来说，由于与外界没有信息、能量和物质的交换，人们已经理解得非常全面，并且已将平衡热力学和统计力学成功地应用到物理和生物系统。平衡系统的全局性质可以由相图和势能面决定，局部动力学由势能的梯度决定，这些理论已经应用到蛋白质折叠的研究上。尽管在平衡系统的理论方面取得了成功，但是它不能应用到非平衡系统，因此非平衡系统的理论处于初级阶段。对于非平衡系统，一方面很难理解它的全局动力学和稳定性，另一方面非平衡系统的驱动力一般不能写成相互作用势能的梯度。因此，理解非平衡系统的动力学和其本质之间的关系是个很大的挑战。

现在，对非平衡系统的研究取得了很大的进展，并解决了许多问题，Kwon C.（2011）、Jiang D. Q.（2003）和 Zhang B.（2014）等研究了非平衡稳态的特征，确定和随机动力学。尽管有许多进步但仍有挑战，比如非平衡系统的驱动力和全局稳定性等问题。针对这些挑战，Wang Jin 等（2008）提出了势能面和概率流的理论来验证非平衡系统的全局动力学。他们的结果显示：非平衡系统的驱动力包括非平衡势能的梯度和概率流两部分。而且他们将这个理论应用到许多生物系统的研究，如细胞周期、干细胞分化和发展、混沌洛伦兹吸引子和空间发展、进化和生态系统及神经网络等。

本书主要的研究对象是 p53-Mdm2 模块，重点研究 p53 的振荡现象。Bar-Or（2000）等建立了 p53-Mdm2 的时滞反馈回路模型，探讨了产生 p53 振荡的机制。Geva-Zatorsky（2006）等研究了许多产生 p53 振荡的模型，并与实验结果进行了对照。南京大学王炜和刘峰（2012）的研究组建立了较完整的 p53 调控细胞命运的数学模型，探讨了模型中分子对系统动力学的影响，尤其是讨论了 p53 振荡和细胞命运的关系。Batchelor（2008）等说明，除了 p53-Mdm2 振子模型，还需要上游的 ATM 和 Chk 等激酶信号分子通过 Wip1 与 p53 形成的负反馈通路，才使 p53 保持稳定的振荡波形。Kim（2013）等基于 Batchelor 等建立的模型研究了噪声产生持续稳定 p53 振荡的分子机制。清华大学诸葛等（2011）提出了 p53 的振荡是持续 DNA 损伤下反复激活 ATM 引起的。

最近，有实验结果表明，程序性死亡分子 5（Programmed Cell Death 5）以多种方式调控 p53 和 Mdm2 的相互作用并影响细胞响应。诸葛等在张小鹏（2009）等建立的 p53-Mdm2 振荡和细胞命运选择模型的基础上，并根据许兰俊（2015）等的实验结果建立了 PDCD5 调控的 p53-Mdm2 模型。在本书中，我们主要基于诸葛等建立的 PDCD5 调控的 p53-Mdm2 模型，从动力系统的分岔分析和非平衡系统的能量面和概率流的角度讨论 p53 的动力学，尤其是 p53 的振荡机理，并利用统计物理上的一些物理量，比如熵产生等来刻画系统的性质。

三、本书的研究工作

本书利用分岔分析和能量面的方法，探讨了几个基因调控系统的全局动力学和稳定性。具体安排如下：

第一章：绪论。介绍基因调控系统、系统中的随机性以及非平衡系统的研究意义、背景和现状，以及本书的主要研究内容。

第二章：基础知识。介绍基因调控系统涉及的分子生物学概念，利用确定模型和随机模型描述基因调控系统所用到的方程和函数，研究系统性质的非线性动力学理论和方法，并介绍了与非平衡系统相关的概念，尤其是能量面和概率流。

第三章：p53-Mdm2 振子的动力学和稳定性。针对 PDCD5 调控的 p53-Mdm2 模块，利用余维-1 分岔，探讨了 Mdm2 生成速率和降解速率对 p53 动力学的影响，并用能量面讨论了它们对 p53 动力学稳定性的影响，讨论了噪声对系统稳定性的影响。尤其对 p53 振荡的情况，讨论了参数对振荡周期、振幅和流速的影响，并给出了振荡周期和流速的关系。利用熵产生率，在热力学方面对系统进行了分析。最后，对所有的速率常数进行了敏感度分析并比较了单细胞和群体细胞水平下的能量面。

第四章：PDCD5 调控的 p53-Mdm2 模块的分岔分析和能量面。基于第三章的 PDCD5 调控的 p53-Mdm2 模型，增加考虑了细胞质中在 Ser-395 位点处磷酸化的 Mdm2，以及 ATM 的表达水平随时间变化，诸葛等（2015）建立了新的模型。针对这个模型，我们考虑了 p53 产生率和 PDCD5 的表达水平对 p53 动力学的影响，并从非平衡系统的能量面和概率流的角度，分析了系统的稳定性。最后，讨论了 PDCD5 的调控效率对系统动力学和稳定性的影响。

第五章：基于能量面的噪声引起的双稳态切换的动力学。针对一个典型的耦合正反馈回路，增加考虑了两个分子间的正反馈，探讨了它们间的反馈强度对系统双稳态的影响。在反馈强度上增加噪声，考虑噪声强度和反馈强度对双稳态切换的影响，并用能量面解释了切换动力学。

第六章：结论和展望。总结了本书的内容，并提出了未来的工作方向。

第二章

基础知识

一、基因调控系统中的分子生物学概念

基因调控系统描述细胞中的DNA、RNA、蛋白质和其他小分子间的相互作用，主要刻画基因表达的生物过程。基因表达是DNA转录为RNA、RNA翻译为蛋白质的过程。在本节，我们先介绍基因调控系统中所涉及的分子生物学的基本概念：基因调控系统中基本组分和基因表达过程。然后阐述基因调控系统的研究内容。

（一）基因表达中的基本成分

1. DNA

DNA是脱氧核糖核酸（Deoxyribo Nucleic Acid）的缩写，是由两条脱氧核糖核苷酸长链组成的双螺旋结构。脱氧核糖核苷酸是大分子多聚体，是由核苷酸（Nucleotide）单体经过脱水缩合而

形成的。每个核苷酸单体包括一个磷酸、一个戊糖(DNA 为脱氧核糖，RNA 为核糖)分子和一个含氮的碱基。DNA 包含的碱基有腺嘌呤(Adenine，A)、胸腺嘧啶(Thymine，T)、鸟嘌呤(Guanine，G) 和胞嘧啶(Cytosine，C)。每一条 DNA 链都是由戊糖和磷酸依次相连形成链的骨架，在戊糖的 3'位碳原子处总连着羟基(-OH)，在戊糖的 5'位碳原子处总连接磷酸基团。因此，一般将每一条 DNA 单链带有-OH 的一端称为 3'端，将带有磷酸基团的另一端称为 5'端。DNA 是遗传物质的基础，控制着细胞和生物体的生命过程，起到这种特定生理功能的 DNA 序列称为基因。

2. 基因

基因是构成遗传单位染色体的主要组成部分，具有特定功能的连续 DNA 片段。一段 DNA 可以有多个这样的片段，而它们一般并不重叠，含有 500~6000 个碱基对。基因编码蛋白质或 RNA 分子的遗传信息，指导和控制着生物体的生化、形态、生理和行为等各种形状的表达和变化。

3. RNA

RNA 分子是核糖核酸（Ribonucleic Acid）的缩写。与 DNA 不同的是，RNA 大多是单链分子，且含核糖而不含脱氧核糖，而且在 4 种核苷酸中，尿嘧啶（U）代替了胸腺嘧啶（T）。细胞中三种主要 RNA 是信使 RNA（messenger RNA，mRNA）、转运 RNA (transfer RNA，tRNA）和核糖体 RNA（ribosomal RNA，rRNA)。mRNA 在细胞核中转录了 DNA 上的遗传信息，进入细胞质，作为蛋白质合成的模板，是遗传信息的携带者；tRNA 可以识别密码子和携带相应氨基酸；rRNA 可以和蛋白质结合成核糖体。

4. 蛋白质

蛋白质是由多个氨基酸单体构成的生物大分子多聚体，具有很多种类。每一种蛋白质都具有特定的三维空间结构和生物学功能，是细胞最重要的成分，并参与所有的生命活动过程。

5. 细胞

细胞是生命活动的基本单元，是由细胞膜包围着含有细胞核（或拟核）的原生质。除病毒外，一切生物都是由细胞构成的。细胞可以独立、有序地进行生命代谢和自我调节。然而，不同细胞间存在着广泛的联系，进行着精细的分工和巧妙的配合，使多细胞生物可以有序地进行着各种代谢活动。细胞是生物体生长发育的基础，是生物繁殖和遗传的基础。

（二）基因表达

基因表达（Gene Expression）的中心法则是在 1985 年由佛朗西斯·克里克（Francis Harry Compton Crick）提出的，并于 1970 年在《自然》杂志上重申。中心法则是指从 DNA 到蛋白质合成的过程。蛋白质的合成过程为：DNA 在细胞核中转录合成为一条 mRNA 链，mRNA 在细胞质中将信息翻译成蛋白质的氨基酸序列。另外，遗传信息也可以从 DNA 到 DNA 进行自我复制，而且 RNA 也可以通过逆转录酶合成双链 DNA。在整个基因表达的过程中都存在调控，下面介绍基因表达和基因表达的调控。

1. 基因表达过程

基因表达过程是 DNA 转录为 RNA，进而由 RNA 翻译为蛋白质的过程，如图 2-1 所示。DNA 复制负责信息的遗传。下面介绍 DNA 复制、DNA 转录和 RNA 翻译三个过程。

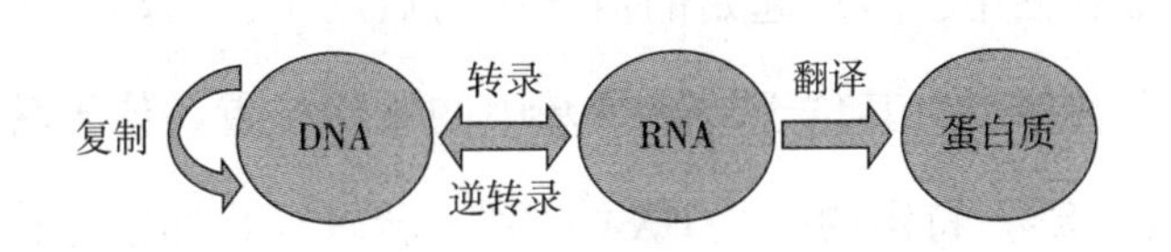

图 2-1　基因表达的过程

（1）DNA 的复制

细胞的繁殖首先从 DNA 复制开始，DNA 的复制发生在细胞周期的 S 期，从特定的复制起始位点开始，沿着特定的方向，通过解旋酶将 DNA 双链打开，分成两条单链，即亲链，以每条单链为模板，在聚合酶（DNA Polymerase）的作用下，使游离的核苷酸准确地与 DNA 亲链上互补的碱基结合，并与早先结合形成的核苷酸新链连接，形成了一条与亲代双链 DNA 完全相同的新链。由于DNA聚合酶只能将游离的核苷酸加到新链3’端（而不是5’端），因此DNA复制的方向总是由5’向3’方向进行。DNA复制保证了所有体细胞都有相同的遗传信息，并可以将遗传信息稳定地传递给下一代。真核生物DNA的复制有多个特定的复制起点，而原核生物只有单个复制起始点。

（2）DNA的转录：RNA的合成

转录是DNA合成一条单链RNA的过程，这个过程是以DNA为模板，按照碱基互补的原则进行的。转录把DNA分子携带的遗传信息转移到RNA分子中，是基因表达过程中关键的一步。转录发生在细胞核中，转录起始的信号称为启动子，启动子是一段特定的核苷酸序列，其位于被转录基因的开始位置，位于转录单位5’端（上游）特定的一段DNA序列。转录终止的信号称为终止子，也是一段核苷酸序列。在转录开始时，DNA分子局部解开为两条单链，以双链DNA中其中一条单链作为模板，RNA聚合酶结合到模板单链上，在它的作用下，将游离的核糖核苷酸以碱基互补的原理与模板DNA结合成新的RNA链，并从模板上解离下来，沿着5’端到3’端的方向进行合成和延伸，当RNA聚合酶遇到终止子的时候，转录过程结束，形成了新的RNA链。

（3）RNA的翻译：蛋白质的合成

基因表达最后一步是形成蛋白质。在这个过程中，mRNA上

密码子的信息指导氨基酸单体合成多肽链。翻译过程就是多肽链合成的过程，包括翻译起始、多肽链延长和翻译终止三个基本阶段。在翻译过程中，每个氨基酸严格按照mRNA模板的密码序列合成到肽链上，因此mRNA上的遗传信息被准确地翻译成特定的氨基酸序列。而且翻译过程较快，不到1分钟则合成一个肽链，且一段mRNA可以与多个核糖体结合，进行多条肽链的合成。

2. 基因表达的调控

上节我们了解了生物遗传信息是通过DNA转录为RNA，RNA再翻译为蛋白质的过程。然而，这个过程不是孤立的，整个过程会受到其他基因和蛋白质的影响。最初，法国弗朗西斯·雅各布（Francois Jacob）和贾克·莫诺（Jacques Lucien Monod）（1958）发表了基因调控蛋白质合成的文章，描述了细菌在对乳糖和葡萄糖的利用时存在一些调控关系，推动了基因调控系统的发展。

蛋白质的合成过程是非常复杂的，在每个阶段都要被合理地调控。在DNA转录、RNA加工、RNA翻译、翻译后蛋白质的修饰过程都可以被调控，才能使基因表达高度有序。基因受到调控的主要作用物是调控蛋白。这些调控蛋白一般与DNA结合，识别基因上或其附近的特异位点，从而调控基因的表达。调控蛋白可以将外部信号传给基因，进而促进或者抑制基因的表达，包括正调控蛋白和负调控蛋白。正调控蛋白会促进靶基因的表达，负调控蛋白会抑制靶基因的表达。进一步，正反馈和负反馈是基因调控系统中 DNA、RNA 和蛋白质相互作用的体现，它们在研究基因调控系统的动力学行为上有着至关重要的地位。

（三）基因调控系统的研究内容

基因调控系统的研究主要分为三个步骤。

1. 确定基因调控系统的结构

根据实验获得大量实验数据，通过分析数据来确定系统中的成分以及它们间的相互作用，进而确定基因调控系统的结构。

2. 建立相应的数学模型

基因调控系统的结构确定后，根据系统中各组分间相互作用建立相应的数学模型，描述系统中各组分表达水平随时间的变化。描述系统的数学模型常用的是常微分方程、随机微分方程和时滞微分方程等。常微分方程适用于分子数目比较多的系统，在平均水平上研究系统；然而当系统中分子数目比较少，或者考虑随机因素时，则应利用随机微分方程描述系统；然而当系统中两个分子间的相互作用有一定的时间延迟时，则应利用时滞微分方程描述系统。

3. 数学模型的动力学分析

利用非线性动力学的理论和方法分析数学模型，从而了解相应基因调控系统中组分的表达水平随时间和空间的变化情况，也可以分析系统的分岔、稳定性、敏感性和鲁棒性等，从而更好地了解基因调控系统的机理，更深入地理解细胞的分化、多细胞生物的生长发育等生物过程。

下面介绍基因调控系统的建模及其分析方法。

二、基因调控系统的确定性模型及研究理论

一般来说，基因调控系统中组分的确定性行为的变化由常微分方程描述，方程刻画了系统中各组分的表达水平随时间的变化，通过分析方程的性质，可以了解基因调控系统所描述的生物过程机理。下面，针对一个简单的生化反应，根据生化反应原理，建立描述这个反应中组分浓度变化的常微分方程模型。其次，介绍两个重要的动力系统理论：稳定性分析和分岔理论。

（一）常微分方程及希尔函数

1. 常微分方程

基因调控系统中每个组分的浓度随时间的变化，均可以由下面的常微分方程描述，一般形式如下：

$$\frac{dx_i}{dt}=f_i(x_1, \cdots, x_n, p_1, \cdots, p_m, t), \ i=1, 2, \cdots, n \quad (2.1)$$

其中，x_i（i=1，2，…，n）表示mRNA、蛋白质或者其他分子的浓度；p_j（j=1，2，…，m）表示系统的反应速率常数等参数；t是时间；函数f表示由转录、翻译或其他过程引起x_i变化的作用函数。

下面通过一个简单的例子，来描述如何建立常微分方程的模型（Olaf，2009）。

假设三种分子S_1、S_2、S_3，其中两个S_1分子和一个S_2分子合成了一个S_3分子，即：

$$2S_1+S_2\xrightarrow{k}S_3 \tag{2.2}$$

这个反应的速率如下：

$$r(t)=-\frac{1}{2}\frac{dS_1(t)}{dt}=-\frac{dS_2(t)}{dt}=\frac{dS_3(t)}{dt}=k[S_1(t)]^2S_2(t) \tag{2.3}$$

因此，这三种分子浓度变化的常微分方程组为：

$$\begin{cases}\dfrac{dS_1}{dt}=-2k[S_1(t)]^2S_2(t)\\ \dfrac{dS_2}{dt}=-k[S_1(t)]^2S_2(t)\\ \dfrac{dS_3}{dt}=k[S_1(t)]^2S_2(t)\end{cases} \tag{2.4}$$

对于更复杂的反应系统，可以分解为一些简单的反应，根据以上的方法，得到反应方程组，当然这些方程组可以在一定的假设下变得简单。然而，整个基因调控系统的总体性质通常只依赖于反应物活性的定性改变，而不敏感依赖于细节的定量行为。因此，常常用一些简单的函数来描述这类反应的整体效果，常用的函数有希尔函数。下面介绍希尔函数。

2. 希尔函数

下面通过简单的酶催化反应介绍希尔函数。

假设底物（S）与酶分子（E）结合成复合体（ES），然后复合体分解，释放有活性的产物（P）和酶分子（E）。在酶分子具有多个结合位点的情况下，可以同时结合多个底物分子，则化学反应过程如下：

$$nS+E \underset{k_1^-}{\overset{k_1^+}{\rightleftharpoons}} ES_n \xrightarrow{k_2} EP_n \xrightarrow{k_3} nP+E$$

这里忽略酶分子中只有部分结合位点与底物分子结合的中间状态。上述过程的动力学方程为：

$$\begin{cases} \dfrac{d[S]}{dt}=-nk_1^+[S]^n[E]+k_1^-[ES_n] \\ \dfrac{d[ES_n]}{dt}=nk_1^+[S]^n[E]-k_1^-[ES_n]-k_2[ES_n] \\ \dfrac{d[EP_n]}{dt}=k_2[ES_n]-k_3[EP_n] \\ \dfrac{d[P]}{dt}=nk_3[EP_n] \end{cases} \tag{2.5}$$

其中［.］表示分子的浓度。在这里假设底物分子的数量很大，因此在反应趋向性函数中用 $[S]^n$ 代替组合数 $C_{[S]}^n$。

首先，由于溶液中酶的总量是不变的，因此 $[E]+[ES]+[EP]=E_{total}$ 是常数。

其次，假设酶催化的过程是很快的，即 k_2，$k_3 \gg k_1^+$，k_1^-，因此，由拟平衡假设可以近似认为酶-底物复合体的浓度 $[ES_n]$ 和 $[EP_n]$ 是常数，即：

$$\frac{d[ES_n]}{dt}=\frac{d[EP_n]}{dt}=0$$

基于以上的守恒关系和假设，可以求解出在平衡态时的浓度 $[EP_n]$：

$$[EP_n]=\frac{(C/nk_3)[S]^n}{K^n+[S]^n}E_{total}$$

其中，

$$C=\frac{k_2k_3}{k_2+k_3},K^n=\frac{k_1^-+k_2}{k_1^+(1+k_2/k_3)}$$

因此产物 P 的产生率近似为函数（2.6）。

$$k_3[EP_n]=\frac{C[S]^n}{K^n+[S]^n}E_{total} \tag{2.6}$$

函数（2.6）称为希尔函数，描述了酶结合多个底物分子时，产物的产生率是如何由底物与酶的浓度决定的。根据希尔函数可知在底物的浓度充分大时，产物的产生率达到最大值 CE_{total}，其与酶的总浓度成正比。然而在底物的浓度［S］为 K 时，产生率是最大产生率的 50%，此时酶的活性达到 50%。因此，K 称为半数最大有效浓度（Half Maximal Effective Concentration，EC_{50}），也称为希尔常数。系数 n 通常称为希尔系数，一般取值 2~4。希尔系数等于 1 的希尔函数又称米氏函数。希尔系数大于 1 则描述合作的情况，产生这种合作效应的原因是随着底物浓度的增加并超过一定阈值时，产生率会突然增大。因此，希尔函数描述了一种合作效应。形如方程（2.6）的希尔函数是单调递增的，描述 S 促进反应的发生，与之类似，S 抑制反应发生的希尔函数如下：

$$f(s)=\frac{CK^n}{K^n+S^n} \tag{2.7}$$

基因调控系统中的调控关系一般均由希尔函数刻画，其中的最大反应速率、希尔常数和希尔系数可由实验得到。本书中涉及的模型方程多数利用希尔函数描述反应速率的变化。

（二）稳定性分析和分岔理论

1. 稳定性分析

常微分方程描述基因调控系统的确定性行为，利用微分方程与动力系统的理论分析方程的性质，可以更好地理解生物系统的动力学特征，其中稳态的稳定性分析是动力系统中的重要内容之一。系统中判别稳态稳定性的方法很多，有极点、李雅普诺夫第二方法以及特征值方法。我们将介绍常用的特征值方法。

下面以二元方程为例，介绍如何利用特征值判别稳态的稳定性。对于二元常微分方程组：

$$\begin{cases}\dfrac{dx_1}{dt}=f_1(x_1,\ x_2)\\[2ex] \dfrac{dx_2}{dt}=f_2(x_1,\ x_2)\end{cases} \tag{2.8}$$

设 $(x_1^*,\ x_2^*)$ 是平衡点，即 $f_1(x_1^*,\ x_2^*)=0$，$f_2(x_1^*,\ x_2^*)=0$。

令 $y_1=x_1-x_1^*$，$y_2=x_2-x_2^*$，

对 f_1，f_2 在 $(x_1^*,\ x_2^*)$ 做泰勒展开，有：

$$f_1(x_1,x_2)=f_1(x_1^*,x_2^*)+\underbrace{\frac{\partial f_1}{\partial x_1}\Big|_{\vec{x}=\vec{x}^*}(x_1-x_1^*)}+\underbrace{\frac{\partial f_1}{\partial x_2}\Big|_{\vec{x}=\vec{x}^*}(x_2-x_2^*)}+\cdots$$

$$f_2(x_1,x_2)=f_2(x_1^*,x_2^*)+\underbrace{\frac{\partial f_2}{\partial x_1}\Big|_{\vec{x}=\vec{x}^*}(x_1-x_1^*)}+\underbrace{\frac{\partial f_2}{\partial x_2}\Big|_{\vec{x}=\vec{x}^*}(x_2-x_2^*)}+\cdots$$

其中，$\vec{x}=(x_1,\ x_2)'$，$\vec{x}^*=(x_1^*,\ x_2^*)'$。将系统（2.8）近似到一阶，有：

$$\begin{cases}\dfrac{dx_1}{dt}=f_1(x_1^*,x_2^*)+\underbrace{\dfrac{\partial f_1}{\partial x_1}\Big|_{\vec{x}=\vec{x}^*}(x_1-x_1^*)}+\underbrace{\dfrac{\partial f_1}{\partial x_2}\Big|_{\vec{x}=\vec{x}^*}(x_2-x_2^*)}\\[2ex] \dfrac{dx_2}{dt}=f_2(x_1^*,x_2^*)+\underbrace{\dfrac{\partial f_2}{\partial x_1}\Big|_{\vec{x}=\vec{x}^*}(x_1-x_1^*)}+\underbrace{\dfrac{\partial f_2}{\partial x_2}\Big|_{\vec{x}=\vec{x}^*}(x_2-x_2^*)}\end{cases}$$

因为 $f_1(x_1^*, x_2^*)=0$，$f_2(x_1^*, x_2^*)=0$，则转化为 y 的微分方程（2.9）。

$$\begin{cases}\dfrac{dy_1}{dt}=\dfrac{\partial f_1}{\partial x_1}\Big|_{\vec{x}=\vec{x}^*}y_1+\dfrac{\partial f_1}{\partial x_2}\Big|_{\vec{x}=\vec{x}^*}y_2 \\ \dfrac{dy_2}{dt}=\dfrac{\partial f_2}{\partial x_1}\Big|_{\vec{x}=\vec{x}^*}y_1+\dfrac{\partial f_2}{\partial x_2}\Big|_{\vec{x}=\vec{x}^*}y_2\end{cases} \tag{2.9}$$

系统（2.9）和系统（2.8）具有相同的局部拓扑结构。

令：

$$A=\begin{bmatrix}\dfrac{\partial f_1}{\partial x_1} & \dfrac{\partial f_1}{\partial x_2} \\ \dfrac{\partial f_2}{\partial x_1} & \dfrac{\partial f_2}{\partial x_2}\end{bmatrix}_{|\vec{x}=\vec{x}^*}$$

则系统（2.9）的解为：

$$\begin{pmatrix}y_1 \\ y_2\end{pmatrix}=e^{At}\begin{pmatrix}y_1^0 \\ y_2^0\end{pmatrix}$$

其中$\begin{bmatrix}y_1^0 \\ y_2^0\end{bmatrix}$为初值。

矩阵 A 称为雅可比矩阵，可以根据 A 的特征值的符号判断稳态的稳定性：

当 A 的特征值都有负实部时，则稳态是稳定的；当 A 的特征值有一个正实部时，则稳态是不稳定的。

2. 分岔理论

基因调控系统的动力学行为与系统中的反应速率参数密切相关，参数的变化可以引起系统动力学的转变，也会使动力系统发生改变。如果参数的变化使系统的拓扑结构仍保持不变，则称系统是结构稳定的；反之，若系统的拓扑结构发生了改变，则称结构是不稳定的。这种系统的拓扑结构发生变化的现象称为分岔。分岔是非线性动力系统研究的主要手段之一，它包含丰富的内容。常见的余维-1分岔有鞍结分岔、Hopf分岔、同宿分岔和极限环的鞍结分岔等。在鞍结分岔点处，会产生或者消失一个鞍点和结点。Hopf分岔分为超临界和亚临界，在超临界Hopf分岔点处，稳态失去稳定性，同时产生了稳定的极限环。在亚临界Hopf分岔点处，不稳定的稳态变得稳定，同时产生了一个不稳定的极限环。一个稳定和一个不稳定的极限环在极限环的鞍结分岔点处产生或者消失。系统的分岔情况可由XPPAUT中的AUTO软件包进行分析。下面介绍两种常见的分岔，而且考虑出现这种分岔的最低维数的系统。

(1) 鞍结分岔 (Saddle-Node Bifurcation)

考虑一维动力系统：

$$\dot{x}=\alpha+x^2=f(x,\ \alpha) \tag{2.10}$$

在 $\alpha=0$ 时，系统有一个非双曲平衡点 $x_0=0$，且 $\lambda=f_x(0,0)=0$。

系统的动力学与参数 α 的关系如下：

当 $\alpha<0$ 时，系统有一个稳定的平衡点 $x_1=-\sqrt{-\alpha}$ 和一个不稳定的平衡点 $x_2=\sqrt{-\alpha}$；

当 $\alpha=0$ 时，系统有一个平衡点 $x=0$；

当 $\alpha>0$ 时，系统没有平衡点。

可以看到，在 $\alpha=0$ 处系统的一个稳定和不稳定平衡点碰撞消失，此时的分岔为鞍结分岔（Saddle-Node Bifurcation），也叫折叠分岔（Fold Bifurcation）。

类似地，对于系统：

$$\dot{x}=\alpha-x^2=f(x,\ \alpha),$$

在 $\alpha>0$ 时，系统有一个稳定的平衡点 $x_1=\sqrt{\alpha}$ 和一个不稳定的平衡点 $x_1=-\sqrt{\alpha}$；

在 $\alpha=0$ 时，两个平衡点碰撞为一个；

在 $\alpha<0$ 时，两个平衡点消失；

在 $\alpha=0$ 时，系统也发生了鞍结分岔。

而对于一般的一维系统，有下面的定理：

定理 1　一般的一维系统为：

$$\dot{x}=f(x,\ \alpha)\quad x\in R^1,\ \alpha\in R^1 \tag{2.11}$$

如果在 $\alpha=0$ 时有平衡点 $x=0$，且 $\lambda=f_x(0,\ 0)=0$，进一步满足条件：

① $f_{xx}(0,\ 0)\neq 0$；

② $f_{\alpha}(0,\ 0)\neq 0$。

则系统（2. 11）在原点附近局部拓扑等价系统（2. 10）。

（2）霍普夫分岔（Hopf Bifurcation）

考虑下面的二维系统：

$$\begin{cases}\dot{x}_1=\alpha x_1-x_2-x_1(x_1^2+x_2^2)\\ \dot{x}_2=x_1+\alpha x_2-x_2(x_1^2+x_2^2)\end{cases}\tag{2.12}$$

对于所有的 α，都有平衡点 $x_1=x_2=0$，且雅可比矩阵为：

$$A=\begin{pmatrix}\alpha & -1\\ 1 & \alpha\end{pmatrix}$$

A 有特征值 $\lambda_1=\alpha-i$，$\lambda_2=\alpha+i$，

引入复变量 $z=x_1+ix_2$，$\bar{z}=x_1-ix_2$，$|z|^2=z\bar{z}=x_1^2+x_2^2$，这个变量满足微分方程：

$$\dot{z}=\dot{x}_1+i\dot{x}_2=\alpha(x_1+ix_2)+i(x_1+ix_2)-(x_1+ix_2)(x_1^2+x_2^2)$$

因此系统（2. 12）可以写成下面的复数形式：

$$\dot{z}=(\alpha+i)z-z|z|^2$$

用表达式 $z=\rho e^{i\varphi}$，可以得到：

$$\dot{z}=\dot{\rho}e^{i\varphi}+\rho i\dot{\varphi}e^{i\varphi}$$

则系统（2.12）的极坐标形式为：

$$\begin{cases}\dot{\rho}=\rho(\alpha-\rho^2)\\ \dot{\varphi}=1\end{cases} \tag{2.13}$$

利用极坐标的形式，很容易分析系统（2.13）的分岔：

对于所有的 α，有平衡点 $\rho=0$，

当 $\alpha<0$ 时，是线性稳定的；

当 $\alpha=0$ 时，是非线性稳定的；

当 $\alpha>0$ 时，平衡点变得线性不稳定，而且系统还有一个稳定的平衡点 $\rho_0(\alpha)=\sqrt{\alpha}$。

因此可以得到系统（2.12）的分岔情况：原点总是系统的平衡点。

当 $\alpha<0$ 时，是稳定的焦点；

当 $\alpha=0$ 时，是非线性稳定的且拓扑等价于焦点，有时也称弱吸引焦点；

当 $\alpha>0$ 时，是不稳定的焦点，而且在平衡点周围还有一个稳定的极限环，半径为 $\rho_0(\alpha)=\sqrt{\alpha}$。

可以看到当 α 经过 0 时，系统的稳定焦点失稳，同时出现一个稳定的极限环，称此分岔为霍普夫分岔，且为超临界霍普夫分岔（Supercritical Hopf Bifurcation）。

同理，对于系统（2.14）：

$$\begin{cases}\dot{x}_1=\alpha x_1-x_2+x_1(x_1^2+x_2^2)\\ \dot{x}_2=x_1+\alpha x_2+x_2(x_1^2+x_2^2)\end{cases} \tag{2.14}$$

做类似的分析，系统（2.14）的分岔为：原点总是系统的平衡点。

当 $\alpha<0$ 时，是稳定的焦点，而且在稳定焦点周围有一个不稳定的极限环，半径为 $\rho_0(\alpha)=\sqrt{-\alpha}$；

当 $\alpha=0$ 时，是非线性不稳定的，拓扑等价于焦点；

当 $\alpha>0$ 时，是不稳定的焦点。

可以看到当 α 经过 0 时，系统的稳定焦点失稳，同时不稳定极限环消失，称此分岔为霍普夫分岔，且为亚临界霍普夫分岔（Subcritical Hopf Bifurcation）。

然而对于一般二维情况，有下面的定理：

定理 2 一般的二维系统：

$$\begin{cases}\dot{x}_1=f_1(x_1,\ x_2,\ \alpha)\\ \dot{x}_2=f_2(x_1,\ x_2,\ \alpha)\end{cases} \tag{2.15}$$

如果在 $\alpha=0$ 处，有平衡点 $x_1=x_2=0$，且雅可比矩阵的特征值为：

$$\lambda_1(\alpha)=\mu(\alpha)+i\omega(\alpha),\ \lambda_2(\alpha)=\mu(\alpha)-i\omega(\alpha)$$

其中，$\mu(0)=0$，$\omega(0)=\omega_0>0$，并且满足下面的条件：

① $l_1(0)\neq0$，其中 l_1 是第一李雅普诺夫系数；

②$\mu'(0)\neq 0$。

则在原点附近，系统（2.15）局部拓扑等价下面的标准范式：

$$\begin{pmatrix}\dot{y}_1\\ \dot{y}_2\end{pmatrix}=\begin{pmatrix}\beta & -1\\ 1 & \beta\end{pmatrix}\begin{pmatrix}y_1\\ y_2\end{pmatrix}\pm(y_1^2+y_2^2)\begin{pmatrix}y_1\\ y_2\end{pmatrix}$$

进而可以根据上面两个特殊情况判断一般二维系统平衡点的稳定性。

三、基因调控系统的随机动力学理论和方法

常微分方程描述基因调控系统中分子浓度随时间变化的确定性行为。然而，由于细胞尺寸的限制和细胞内 DNA、RNA 和蛋白质分子数目较少，它们的浓度变化是不连续的，许多生物过程是随机过程，所以，需要利用一些随机模拟方法描述系统中每个分子浓度的变化情况。在本节，介绍描述随机过程常用的化学主方程、化学朗之万方程和福克尔-普朗克方程以及相应的模拟算法。

（一）化学主方程和 Gillespie 算法

1. 化学主方程

生化反应是随机过程，系统下一时刻发生某个反应的概率由当前状态决定，且每个反应都会改变系统的状态。在数学上，可

以由马氏过程来描述生化反应随时间的变化。

设系统在时刻 t_0 的状态为 $X(t_0)=x_0$，在 t 时刻状态为 $X(t)=x$ 的概率为：

$$P(x, t|x_0, t_0)=Prob[X(t)=x, \text{ if } X(t_0)=x_0]$$

$P(x, t|x_0, t_0)$ 可以看作是 (x, t) 空间中的概率流，取 dt 充分小，使在 dt 时间发生一次化学反应，从而引起系统状态的改变。设有 M 个反应，每个反应 M_j 在 dt 时间内发生一次的概率为 $a_j(x)dt$。所以，在 (t, t+dt) 内流入 (x, t) 的概率流为：

$$\sum_{j=1}^{M} P(x-v_j, t|x_0, t_0)a_j(x-v_j)dt$$

在 (t, t+dt) 内流出 (x, t) 的概率流为：

$$\sum_{j=1}^{M} P(x, t|x_0, t_0)a_j(x)dt$$

则在 (t, t+dt) 概率流的改变量为：

$$P(x, t+dt|x_0, t_0)-P(x, t|x_0, t_0)=$$

$$\sum_{j=1}^{M} P(x-v_j, t|x_0, t_0)a_j(x-v_j)dt-\sum_{j=1}^{M} P(x, t|x_0, t_0)a_j(x)dt$$

两边除以 dt，并令 dt→0，则得到化学主方程：

$$\frac{\partial}{\partial t}P(x, t|x_0, t)=$$

$$\sum_{j=1}^{M}[P(x-v_j, t|x_0, t_0)a_j(x-v_j)-P(x, t|x_0, t_0)a_j(x)] \tag{2.16}$$

2. Gillespie 算法

上面的化学主方程很难利用解析方法求解系统的概率密度函数随时间的演化。然而，可以通过产生充分多的样本轨道，通过简单的数学统计得到概率密度函数的演化过程。

Gillespie D. T.（1977）提出的吉莱斯皮算法可以实现产生样本轨道，该算法通过模拟每个可能发生的化学反应，产生样本轨道，从而模拟系统状态的变化。主要思想如下：如果在时刻 t 系统的状态为 x，下一次反应在时刻 $t+\tau$ 发生，而且所发生的反应是第 μ 个反应通道 R_μ，那么系统的状态在（t，$t+\tau$）区间内是 x，而在 $t+\tau$ 时刻变为 $x+v_\mu$。因此，只需根据当前时刻的状态 $X(t)=x$，计算出下一个反应发生的时间 $t+\tau$ 和相应的反应通道 R_μ，从而得到样本轨道，进而描述系统状态随时间的变化。

当系统在时刻 t 的状态为 x 时，系统的下一次反应在时刻 $t+\tau$ 发生，并且所发生的反应是第 μ 个反应的概率 $P(\tau,\ \mu;\ x)$ 为：

$$P(\tau,\ \mu;\ x)=\begin{cases}a_\mu(x)e^{-a_0(x)\tau}, & 0\leqslant\tau<\infty,\ \mu=1,\ 2,\ \cdots,\ M\\ 0, & \text{others}\end{cases} \tag{2.17}$$

其中，$a_\mu(x)d\tau$ 表示反应 R_μ 在（$t+\tau$，$t+\tau+d\tau$）内发生的概率。$a_0(x)=\sum_{\nu=1}^{M}a_\nu(x)$。实现上述过程的吉莱斯皮算法的具体步骤如下：

（1）初始化状态变量 $X(0)=x_0$，并令初始时间 $t=0$（这里假设 $t_0=0$）。

（2）计算趋向性函数 $a\ =a\ (x)$（$v=1, \cdots, M$），并令 $a_0=\sum_{v=1}^{M} a_v$。

（3）产生一组随机数（τ，μ），其分布满足下式所给出的概率密度函数：

$$P(\tau, \mu)=\begin{cases} a_\mu e^{-a_0(x)\tau}, & 0\leqslant\tau<\infty,\ \mu=1, 2, \cdots, M \\ 0, & \text{others} \end{cases}$$

（4）令 $t=t+\tau$，并根据反应通道 R_μ 更新分子个数，即 $X_i\to X_i+v_{\mu i}$。

（5）转到（2）。

随机数（τ，μ）可以由下面的过程产生：

首先产生［0，1］上平均分布的随机数 r_1 和 r_2，并令 $\tau=(1/a_0)\ln(1/r_1)$；然后取 μ 为满足条件 $\sum_{v=1}^{\mu-1} a_v<r_2a_0\leqslant\sum_{v=1}^{\mu} a_v$ 的整数 M，则（τ，μ）为满足概率分布方程（2.17）的随机数。

（二）化学朗之万方程

化学主方程精确地描述了生物化学反应，但其不便于分析和模拟。进一步，化学朗之万方程，即随机微分方程，可以来描述单个样本轨道的随机行为。

假设在时刻 t，系统的状态为 $X(t)=x$，令 $K_j(x,\tau)(\tau>0)$ 表示反应 R_j 在下个时间区间［t，t+τ）内发生的次数。共有 M 个反应，则系统中分子 S_i 在时刻 t+τ 的个数为：

$$X_i(t+\tau)=x_i+\sum_{j=1}^{M}K_j(x,\tau)v_{ji}\ (i=1,\cdots,N) \quad (2.18)$$

这里，$K_j(x,\tau)$ 是随机变量，因此 $X_i(t+\tau)$ 也是随机变量。

每次反应使分子 S_i 的个数增加 V_{ji}，每个反应通道 j 发生的概率为 $a_j(x)$，记 τ 为 dt，在一定的假设下，则有：

$$X_i(t+\tau)=X_i(t)+\sum_{j=1}^{M}v_{ji}a_j(X)dt+$$

$$\sum_{j=1}^{M}v_{ji}[a_j(X)]^{1/2}\xi_j(t)(dt)^{1/2}(i=1,\cdots,N) \quad (2.19)$$

其中，高斯白噪声 $\xi_j(t)$ 是 t 时刻的满足独立正态分布 $N_j(0,1)$ 的随机变量，满足如下关系：

$$<\xi_j(t)>=0,<\xi_i(t)\xi_j(t')>=\delta_{ij}\delta(t-t'),(\forall 1\leqslant i,j\leqslant M,\forall t)$$

进一步地，引入随机过程 W_j，也称维纳过程，使：

$$dW_j=W_j(t+dt)-W_j(t)=\xi_j(t)(dt)^{1/2}$$

并令：

$$dX_i=X_i(t+dt)-X_i(t)$$

则得到化学主方程：

$$dX_i = \sum_{j=1}^{M} v_{ji} a_j(X) dt + \sum_{j=1}^{M} v_{ji} [a_j(X)]^{1/2} dW_j (i=1, \cdots, N) \tag{2.20}$$

有些文献也写成如（2.22）的随机微分方程的形式：

$$\frac{dX_i}{dt} = \sum_{j=1}^{M} v_{ji} a_j(X) + \sum_{j=1}^{M} v_{ji} [a_j(X)]^{1/2} \xi_j(t) (i=1, \cdots, N) \tag{2.21}$$

下面针对最简单的随机微分方程，给出其数值方法，对一维随机微分方程：

$$\frac{dx}{dt} = f(x) + g(x)\xi(t) \tag{2.22}$$

其中，$\xi(t)$ 为标准的高斯白噪声，满足：$<\xi(t)>=0$，$<\xi(t)\xi(t')>=2D\delta_{ij}(t-t')$，D 是噪声强度。

上面的随机微分方程，更严格的应该用维纳过程来描述，如方程（2.23）所示：

$$dx = f(x)dt + g(x)\sqrt{2D}\,dw(t) \tag{2.23}$$

该方程的一阶差分格式如下：

$$x(t+dt) = x(t) + f[x(t)]dt + g(x)\sqrt{2D}\sqrt{d}\,dt gaussrand(1)$$

其中 gaussrand（1）是服从高斯分布的一个随机数。

（三）福克尔-普朗克方程

根据随机微分方程可以得到描述概率 $P(x, t)$ 的演化方程：

福克尔-普朗克方程，详见雷锦志出版的《系统生物学》一书。

考虑随机微分方程组（2.24）：

$$d\mathbf{X}=\mathbf{f}(\mathbf{X})dt+\mathbf{B}(\mathbf{X})d\mathbf{W}_t \tag{2.24}$$

其中，

$$\mathbf{X}\in R^n,\ \mathbf{f}\in C(R^n,\ R^n),\ B\in C(R^n,\ R^{n\times m}),$$

$$\mathbf{W}_t=(W_t^1,\ \cdots,\ W_t^m)^T$$

则描述概率密度的函数 $P(x,\ t)$，满足福克尔-普朗克方程：

$$\frac{\partial}{\partial t}P(x,\ t)+\sum_{i=1}^{n}\frac{\partial}{\partial x_i}J_i(x,\ t)=0 \tag{2.25}$$

其中，$J_i(x,\ t)$ 为概率流，定义为：

$$J_i(x,\ t)=f_i(x)P(x,\ t)-\frac{1}{2}\sum_{j=1}^{n}\frac{\partial}{\partial x_j}[G_{ij}P(x,\ t)]$$

其中，$G_{ij}(x)=\sum_{k=1}^{m}B_{ik}(x)B_{jk}(x)$

四、非平衡系统

（一）非平衡系统的基本概念

在本节，主要介绍非平衡系统的基本概念：反应流、化学势、平衡系统、非平衡系统、平衡和非平衡稳态。

以方程（2.26）可逆反应为例：

$$M_i \rightleftharpoons M_j \tag{2.26}$$

其中，正向的反应速率为 r_{ij}，逆向的反应速率为 r_{ji}。

1. 反应流和化学势

（1）反应流

对于反应方程（2.26），有正向和逆向反应的流以及反应的净流，具体如下：

正向反应的净流为 $J^+ = r_{ij}[M_i]$，描述了单位时间内分子从 M_i 转化为 M_j 的量；

逆向反应的净流为 $J^- = r_{ji}[M_j]$，描述了单位时间内分子从 M_j 转化为 M_i 的量。

可逆反应的净流为：

$$J^+ - J^- = r_{ij}[M_i] - r_{ji}[M_j] \tag{2.27}$$

（2）化学势

生化反应中的每个分子都具有化学势，具体定义为：

单个分子 M_i 的化学势为 $\mu_i = \mu_i^0 + K_B T \ln[M_i]$，其中，$\mu_i^0$ 是与分子结构和温度有关的常数，Boltzman 常数 $K_B = 1.3806488 \times 10^{-23}$ J/K，T 是绝对温标温度。

可逆反应的化学势是反应中分子的化学势差：

$$\mu_i-\mu_j=\mu_i^0-\mu_j^0+k_BT\ \ln\frac{[M_i]}{[M_j]} \tag{2.28}$$

2. 平衡系统和非平衡系统

（1）平衡系统

平衡系统指系统达到平衡，单位时间内正向反应发生的平均次数等于逆向反应的平均次数，从一个状态到另一个状态没有能量的转换，每一个过程都有等概率的可逆过程。

从反应流和化学势的角度描述平衡系统，则要求系统中的任何反应都满足下面的条件：$J^+=J^-$和 $\mu_i=\mu_j$。

根据 $J^+=J^-$，有 $r_{ij}[M_i]=r_{ji}[M_j]$，$\frac{[M_i]}{[M_j]}=\frac{r_{ji}}{r_{ij}}$。

根据 $\mu_i=\mu_j$，有 $0=\mu_i^0-\mu_j^0+K_BT\ \ln\frac{[M_i]}{[M_j]}$。

则有：

$$\mu_i^0-\mu_j^0=-K_BT\ \ln\frac{[M_i]}{[M_j]}=K_BT\ \ln\frac{r_{ij}}{r_{ji}} \tag{2.29}$$

（2）非平衡系统

系统的平衡条件被打破，则为非平衡系统，利用化学势和反应流描述非平衡系统，则要求系统中的任何反应要满足下面的条件：$J^+\neq J^-$且 $\mu_i\neq\mu_j$。

那么针对非平衡系统，反应流和化学势的关系如下：

$$\mu_i - \mu_j = \mu_i^0 - \mu_j^0 + K_B T \ln \frac{[M_i]}{[M_j]}$$

根据方程（2. 29），可得：

$$\mu_i - \mu_j = K_B T \ln \frac{r_{ij}}{r_{ji}} + K_B T \ln \frac{[M_i]}{[M_j]} = K_B T \ln \frac{r_{ij}\ [M_i]}{r_{ji}\ [M_j]} = K_B T \ln \frac{J^+}{J^-}$$

由此可以推导出：$\mu_i > \mu_j$，则 $J^+ > J^-$，也就是任何反应中分子的化学势决定了反应流动的方向，反应从势能高的向势能低的进行。

无论平衡系统还是非平衡系统，长时间都会达到稳态，下面介绍平衡和非平衡稳态。

3. 平衡稳态和非平衡稳态

（1）稳态

设一个系统含有 N 种成分 M_1，M_2，…，M_N，对其中的任何可逆反应 $M_i \rightleftharpoons M_j$，正向的反应速率为 r_{ij}，逆向的反应速率为 r_{ji}，每个分子浓度变化可由下面的常微分方程描述：

$$\frac{d[M_i]}{dt} = \sum_{j \neq i} (-r_{ij}[M_i] + r_{ji}[M_j]) \quad (i=1,\ 2,\ \cdots,\ N)$$

当$\frac{d[M_i]}{dt} = 0 (i=1,\ 2,\ \cdots,\ N)$ 时，系统达到稳态。

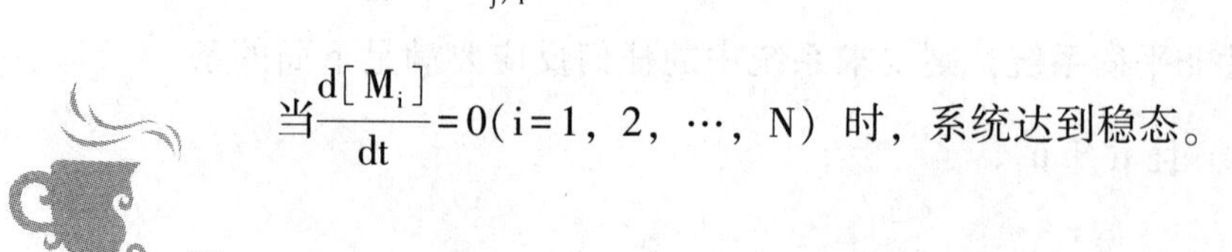

(2) 平衡稳态

系统达到平衡稳态，要满足如下条件：

$$\frac{d[M_i]}{dt}=0(i=1, 2, \cdots, N)$$

$$\mu_i=\mu_j$$

$$J^+=J^-，即 r_{ij}[M_i]=r_{ji}[M_j]$$

(3) 非平衡稳态

系统达到非平衡稳态满足如下条件：

$$\frac{d[M_i]}{dt}=0(i=1, 2, \cdots, N)$$

$$\mu_i\neq\mu_j$$

$$J^+\neq J^-，即 r_{ij}[M_i]\neq r_{ji}[M_j]$$

非平衡稳态的典型例子是系统的振荡动力学。

(二) 能量面和概率流

Frauenfelder H.（1991）、Wolynes P. G.（1995）和 Wang J.（2003）等利用能量面发现蛋白质的折叠动力学、分子间的相互作用和基因调控系统的全局生物规则，很好地解释了非平衡系统的物理机制和全局动力学以及稳定性。Wang Jin（2008）等提出的能量面方法在非平衡基因调控系统中有着广泛的应用。下面，针对二维系统，总结这种方法。

二维系统由常微分方程描述为（2.30）：

$$\begin{pmatrix} \frac{dx_1}{dt} \\ \frac{dx_2}{dt} \end{pmatrix} = \begin{pmatrix} f_1(x_1, x_2) \\ f_2(x_1, x_2) \end{pmatrix} \tag{2.30}$$

由于系统中的噪声是不可避免的，因此，利用随机微分方程可以更加准确地描述系统。在系统加入高斯白噪声 $\xi_i(t)$ $(i=1, 2)$，满足下面的统计性质：

$$\langle\xi_i(t)\rangle=0, \langle\xi_i(t)\xi_j(t')\rangle=2D_{ij}\delta(t-t')$$

为简单起见，设系统为均匀且为各项同性的，则扩散系数张量的分量分别为：$D_{11}=D_{22}=D$，$D_{12}=D_{21}=0$，则对应的随机微分方程为（2.31）：

$$\begin{pmatrix} dx_1 \\ dx_2 \end{pmatrix} = \begin{pmatrix} f_1(x_1, x_2) \\ f_2(x_1, x_2) \end{pmatrix} dt + \begin{pmatrix} \sqrt{2D}\,dw_t^1 \\ \sqrt{2D}\,dw_t^2 \end{pmatrix} \tag{2.31}$$

根据方程（2.31），可以得到相应的福克尔-普朗克方程：

$$\frac{\partial P}{\partial t}+\nabla\cdot J(x_1, x_2, t)=0$$

即：

$$\frac{\partial P}{\partial t}+\frac{\partial J_1}{\partial x_1}+\frac{\partial J_2}{\partial x_2}=0$$

其中，
$$\begin{pmatrix} J_1 \\ J_2 \end{pmatrix} = \begin{pmatrix} f_1 \\ f_2 \end{pmatrix} P - \begin{pmatrix} D & 0 \\ 0 & D \end{pmatrix} \begin{pmatrix} \frac{\partial P}{\partial x_1} \\ \frac{\partial P}{\partial x_2} \end{pmatrix}$$

当系统达到稳态时，有$\frac{\partial P}{\partial t}=0$，即$\nabla \cdot J(x_1, x_2, t)=0$，则会有下面两种情况：

（1）概率流 $J=0$，系统达到平衡。此时：

$$\begin{pmatrix} 0 \\ 0 \end{pmatrix} = \begin{pmatrix} f_1 \\ f_2 \end{pmatrix} P^{ss} - \begin{pmatrix} D & 0 \\ 0 & D \end{pmatrix} \begin{pmatrix} \frac{\partial P^{ss}}{\partial x_1} \\ \frac{\partial P^{ss}}{\partial x_2} \end{pmatrix}$$

P^{ss}是稳态的概率分布。相应的力可以表示为：

$$\begin{pmatrix} f_1 \\ f_2 \end{pmatrix} = \begin{pmatrix} D & 0 \\ 0 & D \end{pmatrix} \begin{pmatrix} \frac{\partial P^{ss}}{\partial x_1} / P^{ss} \\ \frac{\partial P^{ss}}{\partial x_2} / P^{ss} \end{pmatrix} = -\begin{pmatrix} D & 0 \\ 0 & D \end{pmatrix} \begin{pmatrix} \frac{\partial}{\partial x_1}[-\ln(P^{ss})] \\ \frac{\partial}{\partial x_2}[-\ln(P^{ss})] \end{pmatrix}$$

令 $U=-\ln(P^{ss})$，则有：

$$\begin{pmatrix} f_1 \\ f_2 \end{pmatrix} = -\begin{pmatrix} D & 0 \\ 0 & D \end{pmatrix} \begin{pmatrix} \frac{\partial U}{\partial x_1} \\ \frac{\partial U}{\partial x_2} \end{pmatrix} \tag{2.32}$$

（2）$\nabla \cdot J(x_1, x_2, t)=0$，但 $J \neq 0$，为非平衡系统。稳态的

概率流为：

$$\begin{pmatrix} J_1^{ss} \\ J_2^{ss} \end{pmatrix} = \begin{pmatrix} f_1 \\ f_2 \end{pmatrix} P^{ss} - \begin{pmatrix} D & 0 \\ 0 & D \end{pmatrix} \begin{pmatrix} \dfrac{\partial P^{ss}}{\partial x_1} \\ \dfrac{\partial P^{ss}}{\partial x_2} \end{pmatrix}$$

相应的力表示为：

$$\begin{pmatrix} f_1 \\ f_2 \end{pmatrix} = \begin{pmatrix} \dfrac{J_1^{ss}}{P^{ss}} \\ \dfrac{J_2^{ss}}{P^{ss}} \end{pmatrix} + \begin{pmatrix} D & 0 \\ 0 & D \end{pmatrix} \begin{pmatrix} \dfrac{\partial P^{ss}}{\partial x_1} / P_{ss} \\ \dfrac{\partial P^{ss}}{\partial x_2} / P^{ss} \end{pmatrix} = \begin{pmatrix} \dfrac{J_1^{ss}}{P^{ss}} \\ \dfrac{J_2^{ss}}{P^{ss}} \end{pmatrix} - \begin{pmatrix} D & 0 \\ 0 & D \end{pmatrix} \begin{pmatrix} \dfrac{\partial}{\partial x_1}[-\ln(P^{ss})] \\ \dfrac{\partial}{\partial x_2}[-\ln(P^{ss})] \end{pmatrix}$$

令 $U=-\ln(P^{ss})$，则有：

$$\begin{pmatrix} f_1 \\ f_2 \end{pmatrix} = \begin{pmatrix} \dfrac{J_1}{P^{ss}} \\ \dfrac{J_2}{P^{ss}} \end{pmatrix} - \begin{pmatrix} D & 0 \\ 0 & D \end{pmatrix} \begin{pmatrix} \dfrac{\partial U}{\partial x_1} \\ \dfrac{\partial U}{\partial x_2} \end{pmatrix} \tag{2.33}$$

以上两种情况均出现了 $U=-\ln(P^{ss})$，与稳态概率有关，Wang Jin（2008）等把它定义为能量函数。从方程（2.32）中可以看到，细致平衡系统的力是势能的负梯度。然而根据方程（2.33），可以得到非平衡系统的力分解为势能的负梯度力和概率流。在实际问题中，势能函数 $U=-\ln(P^{ss})$ 与系统中所有变量有关，为了可视化，可以确定重要变量的能量面，而对其他变量进行积分得到。

本章小结

本节主要介绍了与基因调控系统相关的一些生物概念，以及基因调控系统的确定性和随机性模型及其相关的理论和方法。最后介绍了非平衡系统的概念，以及刻画非平衡系统全局性质的能量面和概率流。

| 第㊂章 |

p53-Mdm2 振子的动力学和稳定性

一、生物背景

在细胞受到压力后，肿瘤抑制蛋白 p53 在决定其生死命运中起到重要的作用。p53 位于 p53 信号通路的中心，是基因组的守护者。在正常细胞中，p53 在其负调控子 Mdm2 的作用下，表达水平较低。细胞在面临压力时，如氧化、缺氧、端粒侵蚀和 DNA 损伤等，压力信号激活 p53，进而激活它下游基因的表达。p53 激活下游的 p21、WAF1、CIP1 和 GADD45 基因时，会激起细胞周期阻滞，进行 DNA 的修复；然而当 p53 激活下游的 PUMA、Bax 和 PIG3 时，会引起细胞凋亡。然而 DNA 损伤后的细胞生死命运也与 p53 的动力学密切相关。p53 的较低和中等表达水平可以引起细胞周期阻滞和 DNA 的修复，高的 p53 表达水平可以促进细胞凋亡。然而，这两种命运都与 p53 的振荡动力学有关。电离辐射引起 DNA 损伤的人类和转基因小鼠中的群体细胞和单个的

MCF7 细胞中均发现了 p53 的振荡动力学。张晓鹏（2011）研究表明，细胞命运也与 p53 的振荡数目有关，少许的振荡数目促进细胞生存，然而持续的振荡引起细胞凋亡。因此，调控 p53 的动力学使细胞做出合理的反应是非常重要的。然而，Ran B.（2009）和 Puca R.（2010）等在癌症细胞中发现了 p53 的突变和反常表达。

p53 动力学调控 DNA 损伤后的细胞命运机制可由许多模型描述，这些模型中关键的模块是 p53-Mdm2 振子。由辐射引起的 DNA 损伤后，ATM 激活酶通过自磷酸化被激活。激活的 ATM 通过引起细胞中 Mdm2 的降解，把信号传递给下游的 p53-Mdm2 振子模块。由于 p53-Mdm2 之间的负反馈回路，水平降低的 Mdm2 激活细胞核中的 p53。激活的 p53 可以促进细胞质中 Mdm2 的表达水平，细胞质中的 Mdm2 可以促进 p53 mRNA 的翻译。最近，Xu L. J.（2012）的研究结果显示，与凋亡有关的程序性细胞死亡分子 5（Programmed Cell Death 5，PDCD5）抑制 Mdm2 调控的泛素化和加速 Mdm2 的降解，可以激活 p53。基于 Zhang X. P.（2011）提出的 p53-Mdm2 振子模块和 Xu L. J.（2012）的实验结果，诸葛（2014）等构造了一个非线性模型，刻画 PDCD5 对 p53-Mdm2 振子模块的影响。结果显示，在 DNA 的不同损伤程度下，不同的 PD-CD5 水平可以导致不同的 p53 动力学。研究发现，在多数癌症细胞中，由于 Mdm2 的增加，p53 的表达会被抑制。通过抑制 Mdm2 的过表达进而激活 p53 的表达已经成为抑制肿瘤增长的新策略。Mdm2 的抑制水平与它的生成和降解速率密切相关，而且可以被许多蛋白质调控，比如 PDCD5 和 HIPK2。很好地控制 Mdm2 的生成和降解速率对 p53 的动力学是至关重要的，可以进一步调控 DNA 损伤后的细胞反应。

另外，p53-Mdm2 振子模块要不断地与外界环境交换能量和信息，是非平衡系统。针对非平衡系统，与稳态概率有关的能量面刻画系统的全局性质和每个状态的权重分布，概率流与能量面可以一起刻画非平衡系统。因此，在本章，利用分岔分析、能量面和概率流探讨了 Mdm2 生产和降解速率调控 p53 的动力学和稳定性。

二、p53-Mdm2 模型和能量面方法

（一）p53-Mdm2 模型

图 3-1 给出了诸葛（2014）等提出的 PDCD5 调控 p53-Mdm2 振子模型，模型中主要包括蛋白质 p53 和 Mdm2，p53 位于细胞核中，而考虑细胞核和细胞质中的 Mdm2。p53 会促进细

胞质中 Mdm2（$Mdm2_{cyt}$）的产生，Mdm2 可以在细胞质和细胞核中来回穿梭。$Mdm2_{cyt}$促进 p53 mRNA 的翻译，而细胞核中的 Mdm2（$Mdm2_{nuc}$）加速 p53 的降解。ATM 和 PDCD5 加速 $Mdm2_{nuc}$的降解，而 PDCD5 会抑制 $Mdm2_{nuc}$对 p53 的降解作用。基于以上的作用，p53、$Mdm2_{cyt}$和 $Mdm2_{nuc}$的浓度随时间变化的情况，可由下面的方程给出（Zhuge C. J.，Sun X. J.，Chen Y. Y. et al.，2016）：

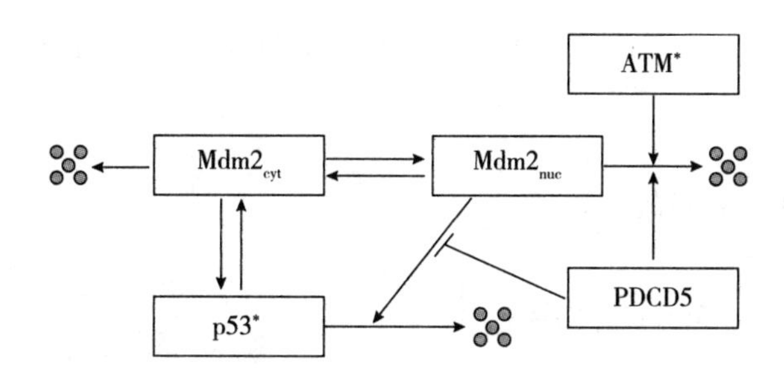

图 3-1　p53-Mdm2 振子模型

注：激活的 ATM（ATM*）促进细胞核中 Mdm2（$Mdm2_{nuc}$）的降解。Mdm2 可以在细胞质和细胞核中来回穿梭。细胞质中的 Mdm2（$Mdm2_{cyt}$）促进 p53 mRNA 的翻译，而激活的 p53（p53*）促进 $Mdm2_{cyt}$的产生。$Mdm2_{nuc}$加速 p53 的降解，而 PDCD5 抑制这种降解作用，同时促进 $Mdm2_{nuc}$的降解。

$$\frac{d[p53]}{dt}=v_{p53}([Mdm2_{cyt}])-d_{p53}([Mdm2_{nuc}])[p53]$$

$$=F_1([p53],[Mdm2_{cyt}],[Mdm2_{nuc}]) \quad (3.1)$$

$$\frac{d[Mdm2_{cyt}]}{dt}=v_{Mdm2}([p53])-k_{in}[Mdm2_{cyt}]+k_{out}[Mdm2_{nuc}]-d_{Mdm2}[Mdm2_{cyt}]=F_2([p53],[Mdm2_{cyt}],[Mdm2_{nuc}]) \quad (3.2)$$

$$\frac{d[Mdm2_{nuc}]}{dt}=k_{in}[Mdm2_{cyt}]-k_{out}[Mdm2_{nuc}]-f(t)d_{Mdm2}[Mdm2_{nuc}]=F_3([p53],[Mdm2_{cyt}],[Mdm2_{nuc}]) \quad (3.3)$$

其中，子函数为：

$$v_{p53}([Mdm2_{cyt}])=\bar{v}_{p53}\left[(1-\rho_1)+\rho_1\frac{[Mdm2_{cyt}]^{s_1}}{K_1^{s_1}+[Mdm2_{cyt}]^{s_1}}\right]$$

$$d_{p53}([Mdm2_{nuc}])=\bar{d}_{p53}\left[(1-\rho_2)+\rho_2\frac{[Mdm2_{nuc}]^{s_2}}{K_2[P(t)]^{s_2}+[Mdm2_{nuc}]^{s_2}}\right]$$

$$v_{Mdm2}([p53])=\bar{v}_{Mdm2}\left[(1-\rho_3)+\rho_3\frac{[p53]^{s_3}}{K_3^{s_3}+[p53]^{s_3}}\right]$$

$$f(t)=\bar{f}\left[(1-\rho_4-\rho_5)+\rho_4\frac{P(t)^{s_4}}{K_4^{s_4}+P(t)^{s_4}}+\rho_5\frac{A(t)^{s_5}}{K_5^{s_5}+A(t)^{s_5}}\right]$$

$$K_2(P)=\bar{K}_2\left((1-r_1)+r_1\frac{(\alpha_1 P)^{m_1}}{1+(\alpha_1 P)^{m_1}}\right)$$

在模型（3.1）至模型（3.3）中，分子间的相互作用是由希尔函数刻画的，其中 s_x 和 K_x 分别为希尔系数和希尔常数，ρ_x 是比例常数。其他速率常数的意义如下：$\bar{v}_{p53}$ 和 $\bar{d}_{p53}$ 分别为 p53 的产生和降解速率；$\bar{v}_{Mdm2}$ 是 $Mdm2_{cyt}$ 的合成速率，然而 $Mdm2_{cyt}$ 和 $Mdm2_{nuc}$ 有同样的降解速率 d_{Mdm2}。Mdm2 分别在细胞质和细胞核中以 k_{in} 和 k_{out} 速率来回穿梭。A(t) 和 P(t) 随着时间变化，用来描述激活的 ATM 和细胞核中 PDCD5 的水平。它们的表达水平在 DNA 损伤后会上调（Chen Y.，Sun R.，Han W.，et al，2002）。因此，在本书中，令 A(t)≡5 和 P(t)≡0.8。所有参数见表 3-1。

表 3-1　参数和对应的值

Parameter	Value	Parameter	Value	Parameter	Value
s_1	4	ρ_1	0.991	K_1	0.057
$\bar{v}_{p53}$	0.85	s_2	4	ρ_2	0.9873
$\bar{d}_{p53}$	0.4	m_1	4	r_1	0.8
α_1	3.3	$\bar{K}_2$	0.09	s_3	4
ρ_3	0.989	K_3	4.433	$\bar{v}_{Mdm2}$	0.135
k_{in}	0.14	k_{out}	0.01	$\bar{f}$	2.7
s_4	4	ρ_4	0.2	K_4	0.41
s_5	4	ρ_5	0.5	K_5	1.58

（二）能量面方法

p53-Mdm2 振子模块的数学模型可以写成 $\dot{\mathbf{X}}=\mathbf{F}(\mathbf{X})$，其中，$\mathbf{X}=$

([p53], [$Mdm2_{cyt}$], [$Mdm2_{nuc}$]), $\mathbf{F}(\mathbf{X})$ 描述的是方程（3.1）至方程（3.3）的右边。由于基因调控系统中的噪声是不可避免的，因此，随机微分方程可以更准确地描述系统的动力学。因此，考虑 $\dot{\mathbf{X}}=\mathbf{F}(\mathbf{X})+\zeta$，其中，$\zeta$ 为高斯白噪声，均值和方差分别为 $\langle\zeta(t)\rangle=\mathbf{0}$ 和$\langle\zeta(t)\zeta(t')\rangle=2\mathbf{D}\delta(t-t')$，$\mathbf{D}$ 是矩阵，描述噪声的强度。

基于随机微分方程，可以得到描述系统状态概率 $P(X,t)$ 的福克尔-普朗克方程为$\frac{\partial P}{\partial t}+\nabla\cdot\mathbf{J}(\mathbf{X},t)=0$，其中概率流向量 $\mathbf{J}$ 定义为：$\mathbf{J}(\mathbf{X},t)=\mathbf{F}P-\mathbf{D}\cdot\frac{\partial}{\partial\mathbf{X}}P$ 用来测量状态空间的流速。

当系统达到稳态时，$\frac{\partial P}{\partial t}=0$，则有$\nabla\cdot\mathbf{J}(\mathbf{X},t)=0$，使 $\nabla\cdot\mathbf{J}(\mathbf{X},t)=0$ 有两种可能：一种情况是 $J=0$，系统达到细致平衡；另一种情况是 $J\neq0$，平衡被打破，系统处于非平衡的状态。基于概率流方程，可以得到稳态时概率流：

$$\mathbf{J}_{ss}=\mathbf{F}P_{ss}-\mathbf{D}\cdot\frac{\partial}{\partial\mathbf{X}}P_{ss} \tag{3.4}$$

其中，P_{ss}是达到稳态的概率，进而非平衡系统的驱动力为方程（3.5）：

$$\mathbf{F}=\mathbf{D}\cdot\frac{\partial}{\partial\mathbf{X}}P_{ss}/P_{ss}+\mathbf{J}_{ss}/P_{ss}$$

$$= -\mathbf{D} \cdot \frac{\partial}{\partial \mathbf{X}}(-\ln P_{ss}) + \mathbf{J}_{ss}/P_{ss}$$

$$= -\mathbf{D} \cdot \frac{\partial}{\partial \mathbf{X}} U + \mathbf{J}_{ss}/P_{ss} \tag{3.5}$$

其中，

$$U = -\ln P_{ss} \tag{3.6}$$

Wang Jin 等将 $U = -\ln P_{ss}$ 定义为非平衡系统的势能。

从方程（3.5）可以看出非平衡系统的驱动力分成两部分：一部分是势能的负梯度力 $-\mathbf{D} \cdot \frac{\partial}{\partial \mathbf{X}} U$；另一部分是概率流的力 $\mathbf{J}_{ss}/P_{ss}$。因此，对于非平衡系统来说，势能和概率流是刻画非平衡系统的两个重要性质。

三、研究结果

（一）Mdm2 生成速率调控的 p53-Mdm2 振子的动力学和稳定性

1. Mdm2 生成速率调控的 p53 动力学

图 3-2（a）给出了 Mdm2 生成速率对 p53 浓度的分岔图。图中稳定和不稳定的平衡点分别由实线和虚线表示，稳定极限环的

最大值和最小值由实心点表示，不稳定极限环的最大值和最小值由空心圈表示。从分岔图看到，平衡点的分岔曲线具有S形，下支是稳定的结点，中支为不稳定的鞍点，上支由不稳定和稳定的焦点构成。在 $\bar{v}_{Mdm2}=0.2278$ 处，产生了极限环的鞍结分岔(LPC)，出现了稳定和不稳定的极限环，此时系统有稳定极限环和稳定焦点两种稳态。随着 $\bar{v}_{Mdm2}$ 的减小，在点H（$\bar{v}_{Mdm2}=0.1741$）处出现了亚临界霍普夫分岔，不稳定极限环消失，而稳定焦点变得不稳定，只剩下稳定极限环的振荡状态。进一步，稳定极限环在鞍结同宿分岔点SNIC（$\bar{v}_{Mdm2}=0.0618$）处消失，出现了中支的不稳定鞍点和下支的稳定结点，此时系统只有一个稳定的稳态。最后，上支和中支在平衡点的鞍结分岔点 F_1（$\bar{v}_{Mdm2}=0.0203$）合并消失。

图3-2（a）的分岔图显示，系统的四个分岔点把 $\bar{v}_{Mdm2}$ 的区间分为五个子区间：Ⅰ=(0, 0.0203]，Ⅱ=(0.0203, 0.0618]，Ⅲ=(0.0618, 0.1741]，Ⅳ=(0.1741, 0.2278] 和Ⅴ=(0.2278, +∞)。$\bar{v}_{Mdm2}$ 在区间Ⅰ、Ⅱ和Ⅴ时，系统具有单稳态；在区间Ⅲ内，系统有稳定极限环的振荡；在区间Ⅳ内，系统出现了稳定极限环和单稳态。p53的振荡可以引起细胞周期阻滞和DNA修复，促进细胞的生存。因此，可以调控 $\bar{v}_{Mdm2}$ 在区间Ⅲ内变化，促进DNA的修复，避免肿瘤的形成。这些稳态的稳定性将会在下一节

利用能量面来进行分析。

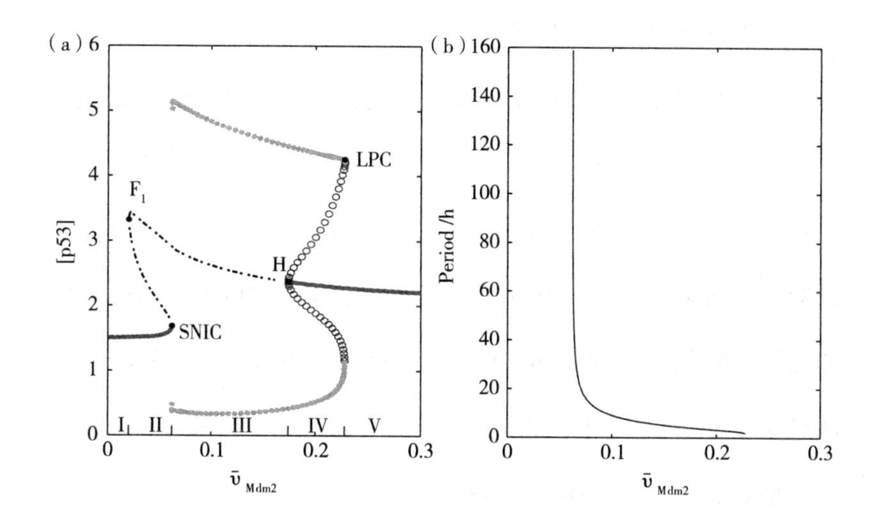

图 3-2 （a） p53 的浓度对 $\bar{v}_{Mdm2}$ 的分岔图；

（b） $\bar{v}_{Mdm2}$ 对 p53 振荡周期的影响

研究发现，DNA 损伤的因素和程度会影响到 p53 振荡的周期、振幅和频率等，进而可以调控细胞命运。较轻的 DNA 损伤使 p53 的振荡频率较低，进而促进细胞周期阻滞和 DNA 修复。较严重的 DNA 损伤使 p53 的振荡频率较快，可以引发细胞凋亡。从图 3-2（a）看出，p53 的振幅变化不大；图 3-2（b）描述了 $\bar{v}_{Mdm2}$ 对振荡周期的影响，可以看出随着 $\bar{v}_{Mdm2}$ 的增加，周期逐渐减小。在分岔点附近，较大的振荡周期和较低的频率更容易引发细胞周期阻滞和促进 DNA 修复；当远离分岔点时，较小的振荡周期和较大频率更容易促进细胞凋亡。

2. 稳定性分析：能量面

本书利用能量面探讨了 Mdm2 生成速率 $\bar{v}_{Mdm2}$对 p53-Mdm2 振子模块的稳定性的影响。本文模型中的能量面是关于浓度［p53］、［$Mdm2_{cyt}$］和［$Mdm2_{nuc}$］的多维函数，不能可视化，所以考虑了细胞中的 p53 和 Mdm2 的浓度，其中 Mdm2 的浓度包括细胞质和细胞核的浓度和，即［Mdm2］=［$Mdm2_{cyt}$］+［$Mdm2_{nuc}$］。针对图 3-2 中的不同区间，在小噪声强度 $D=1\times10^{-6}$下，给出九个典型的能量面，具体见图 3-3。

图 3-3 显示，对于区间Ⅰ和Ⅱ中的 $\bar{v}_{Mdm2}$（$\bar{v}_{Mdm2}=0.01$ 和 $\bar{v}_{Mdm2}=0.04$），能量面有一个全局最小值，对应于系统的单稳态。随着 $\bar{v}_{Mdm2}$的增加，$\bar{v}_{Mdm2}$在区间Ⅲ变化，能量面逐渐扩大。$\bar{v}_{Mdm2}=0.08$ 时，由于振荡吸引子的稳定性较弱，能量面在单稳态附近扩散，当进一步增大时（$\bar{v}_{Mdm2}=0.1$），振荡吸引子的稳定性逐渐加强，能量面呈闭环形状，系统在确定的极限环处的势能较低，而且在 p53 和 Mdm2 的低表达处，势能更低，所以有更强的稳定性。在 $\bar{v}_{Mdm2}=0.15$ 附近，极限环的稳定性更强。随着 $\bar{v}_{Mdm2}$的增加，即 $\bar{v}_{Mdm2}$在区间Ⅳ变化（$\bar{v}_{Mdm2}=0.19$，0.21，0.22），在闭环的能量面里面出现了一个漏斗形状的能量面，说明系统具有稳定极限环和

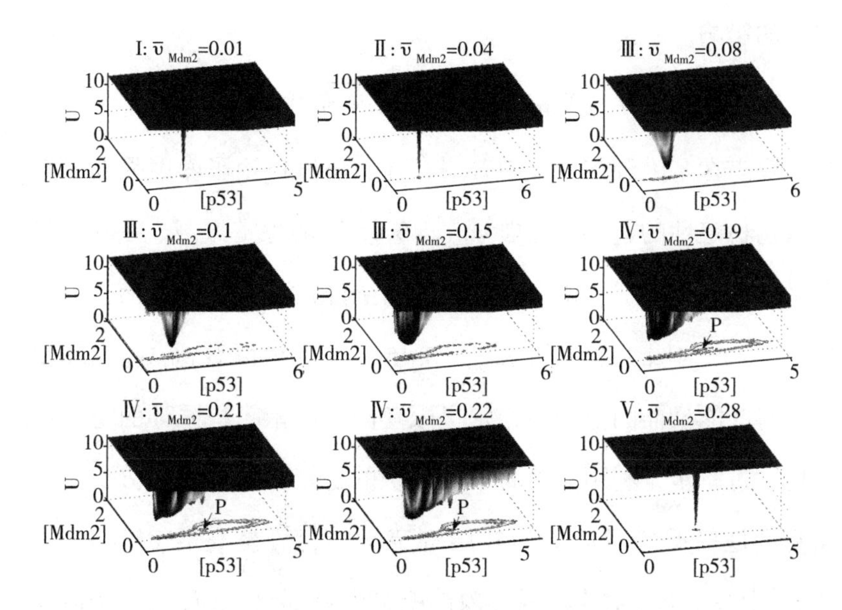

图 3-3 在相同噪声强度 $D=1\times10^{-6}$下，五个区间中不同 $\bar{v}_{Mdm2}$对应的能量面

单稳态（图中的 P 指向）两种稳态，单稳态的势能随着 $\bar{v}_{Mdm2}$的增加而越来越小，所以稳定性逐渐增强。此外，这个单稳态对应 p53 的高表达，而 p53 的高表达会促进细胞凋亡。在区间Ⅳ内，随着 $\bar{v}_{Mdm2}$逐渐增加，单稳态的稳定性增强，说明细胞凋亡的比例逐渐增大。最后，当 $\bar{v}_{Mdm2}$在区间Ⅴ内变化时，闭环消失，只剩下漏斗形状的能量面，说明系统只有 p53 的单稳态。

能量面刻画了 $\bar{v}_{Mdm2}$对系统的全局动力学和稳定性的影响。然而，除了速率常数会影响系统的稳定性以外，噪声强度也是影响稳定性的一个重要因素。因此，在下面，讨论噪声强度对系统稳定性的影响。

3. 噪声强度作用下 p53 振荡的稳定性分析

噪声在基因调控系统中普遍存在，所以讨论了噪声强度对系统振荡稳定性的影响。考虑 $\bar{v}_{Mdm2}=0.15$ 时的稳定振荡，在其他参数都不变的情况下，增大噪声强度到 7×10^{-6}，得到能量面，见图 3-4（a）。与图 3-3 中的 $\bar{v}_{Mdm2}=0.15$ 比较，可以看到，噪声强度较大时，能量面的范围在稳定极限环附近扩散，极限环的稳定性变弱。进一步，利用势垒高度对系统的稳定性做了定量分析。势垒高度是根据能量面的拓扑结构定义的，势垒高度 $BH=U_{max}-U_{min}$，其中，U_{max}对应极限环内部能量的局部最大值，U_{min}是沿着极限环上能量的最小值。图 3-4（b）描述了噪声强度对势垒高度的影响，可以看出，当噪声强度较小时，势垒高度较大，相应极限环吸引子的稳定性增强。因此，进一步验证，小的噪声强度会有更稳定的振荡。

振荡周期也是影响细胞命运的重要参数，因此，讨论噪声强度对振荡周期的影响。针对 $\bar{v}_{Mdm2}=0.15$ 稳定的振荡情况，周期定义为两个相邻 p53 浓度峰值对应的时间差。针对不同的噪声强度，考虑连续的 1000 个振荡周期，针对两个不同噪声强度 $D=1\times10^{-6}$ 和 $D=7\times10^{-6}$，给出周期的柱状图分布，见图 3-5（a）和（b）。从图中可以看出，当噪声强度较小时，周期分布集中在确定的周

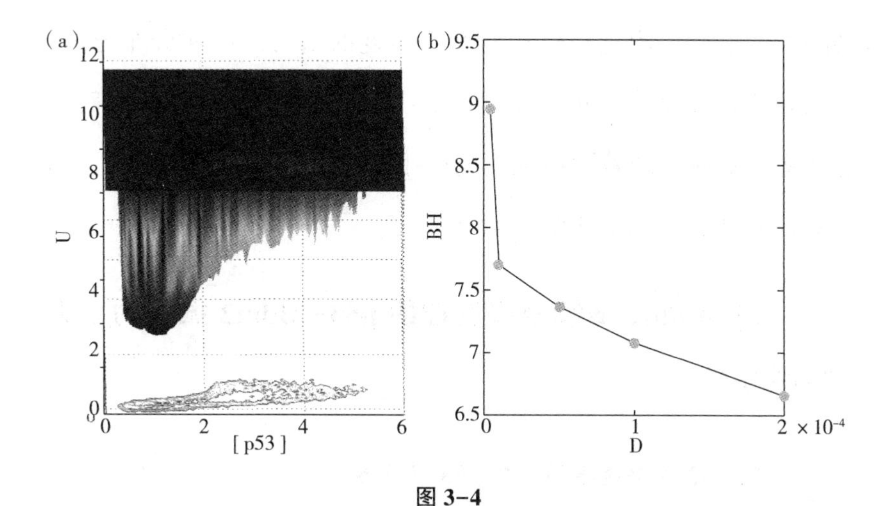

图 3-4

注：(a) $\bar{v}_{Mdm2}=0.15$，噪声强度 $D=7\times10^{-6}$时的能量面；(b) 当 $\bar{v}_{Mdm2}=0.15$ 时，噪声强度与势垒高度的关系。

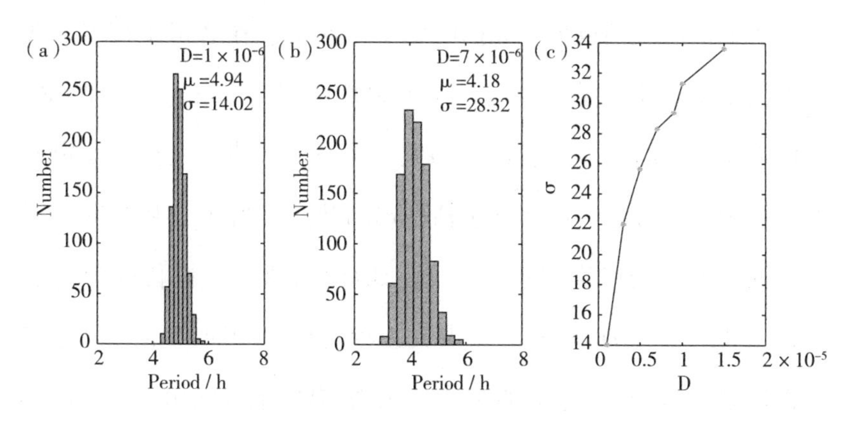

图 3-5 噪声对周期的影响

注：噪声强度 D 不同时，周期的分布 (a) $D=1\times10^{-6}$；(b) $D=7\times10^{-6}$；(c) 周期分布的标准方差 σ 与噪声强度 D 的关系。

期（5.1 小时）附近，而随着噪声强度的增大，周期分布分散，且标准方差 σ 增大。进一步，图 3-5（c）给出了噪声强度对标准方差的影响，随着噪声强度的减小，标准方差减小，因此，周期振荡意味着更稳定的振荡系统。

（二）Mdm2 降解速率调控的 p53-Mdm2 振子的动力学和稳定性

1. Mdm2 降解速率调控的 p53 动力学

为了探讨 Mdm2 降解速率 d_{Mdm2}对 DNA 损伤后 p53 动力学的影响，我们做了 d_{Mdm2}对 p53 浓度的分岔图，见图 3-6，其中插图是图中矩形区域的放大。如插图所示，当 d_{Mdm2}在 Z 形平衡点曲线上的两个鞍结分岔点 F_1（$d_{Mdm2}=0.0009$）和 F_2（$d_{Mdm2}=0.0028$）之间发生变化时，系统有两个稳定的稳态。曲线的上支是稳定的结点，中支是鞍点，而下支包括稳定的结点。当 d_{Mdm2}增加时，下支上的结点变为稳定焦点。当 d_{Mdm2}增加到超临界霍普夫分岔点 HB_{sup}（$d_{Mdm2}=0.025$）时，焦点失去稳定性，同时产生一个稳定的极限环。这些不稳定的焦点在亚临界霍普夫 HB_{sub}（$d_{Mdm2}=0.043$）再次获得稳定性，同时产生一个不稳定的极限环。不稳定的极限环和稳定的极限环在极限环的鞍结分岔点 LPC（$d_{Mdm2}=0.05$）处碰撞消失，在 HB_{sub}和 LPC 之间，稳定的极限环和稳定的稳态共存。当 d_{Mdm2}超过 LPC 的时候，系统只剩下稳定的结点。分岔图分析描述了 p53 的全局动力学，它们的全局稳定性可以通过能量面进一步刻画。

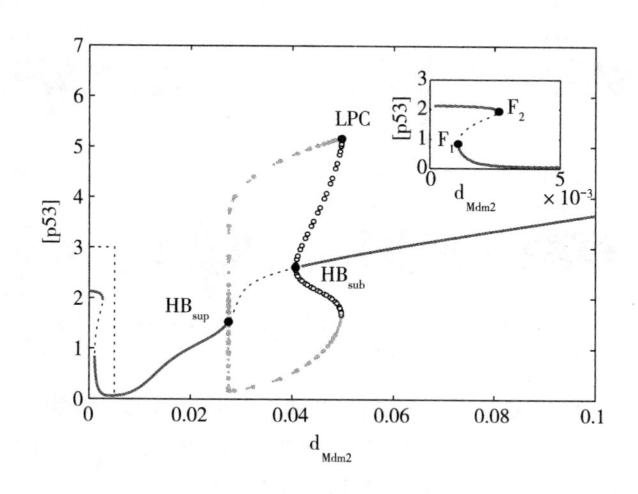

图 3-6　参数 d_{Mdm2}对 p53 浓度的分岔图

注：插图是矩形部分的扩大。图中实线和虚线分别表示稳定和不稳定的平衡点。实心点和空心圆分别表示稳定和不稳定极限环的最大值和最小值。F_1 和 F_2 是平衡点的鞍结分岔；HB_{sup}和 HB_{sub}是超临界和亚临界霍普夫分岔点；LPC 是极限环的鞍结分岔点。

2. 稳定性：能量面和概率流

在小噪声强度 $D = 1\times10^{-6}$下，给出 d_{Mdm2}调控的［p53］和［Mdm2］的能量面。当 d_{Mdm2}从 0. 0009 增加到 0. 06 时，得到 12 个典型的能量面，如图 3-7 所示，其中闭环对应振荡吸引子，而离散的吸引盆表示稳定的吸引子。下面解释 d_{Mdm2}对 p53 动力学和稳定性的影响。

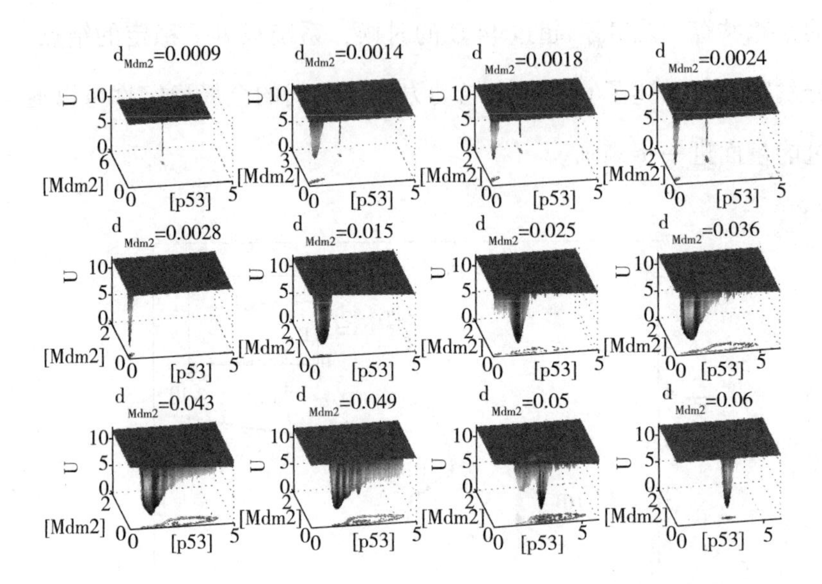

图 3-7　参数 d_{Mdm2} 对［p53］和［Mdm2］能量面的影响

注：由 d_{Mdm2} 调控的三维能量面，其中闭环表示稳定极限环，而离散吸引盆表示一个稳定的平衡点。当 $d_{Mdm2} \leq 0.0009$，系统具有高稳态；当 $0.0009<d_{Mdm2}<0.0028$ 时，系统具有两个稳态；而 $0.0028 \leq d_{Mdm2}<0.025$，只有一个低稳态；在 $0.025 \leq d_{Mdm2}<0.043$ 之间，稳定的极限环产生；当 $0.043 \leq d_{Mdm2} \leq 0.05$ 时，一个稳定的稳态在极限环内产生；对于 $d_{Mdm2}>0.05$，只剩下一个稳定的稳态。

第一，当 Mdm2 的降解速率较小时（$d_{Mdm2} \leq 0.0009$），比如 $d_{Mdm2}=0.0009$，能量面上唯一的低势能点对应系统的单稳态，且这个稳态对应 p53 和 Mdm2 的浓度较高。

第二，当 $0.0009<d_{Mdm2}<0.0028$ 时，比如 $d_{Mdm2}=0.0014$、0.0018 和 0.0024，能量面上出现了另一个势能极小值，意味着系统出现了另一个稳定的稳态，而这个稳态对应的 p53 和 Mdm2 的

浓度比较低，且其稳定性随着 d_{Mdm2} 的增加而加强，因为其吸引区域变得越来越小，而且其势能越来越小。

第三，随着 d_{Mdm2} 的增加，当 $0.0028 \leqslant d_{Mdm2} < 0.025$ 时，高稳态的吸引子消失，只剩下低稳态。而且，这个低稳态的吸引区域扩大了，比如 $d_{Mdm2} = 0.015$。

第四，随着吸引盆的不断扩散，能量面逐渐地从一个点吸引子变为周期吸引子。此时 d_{Mdm2} 的变化范围为 $0.025 \leqslant d_{Mdm2} < 0.043$。起初，$d_{Mdm2} = 0.025$，极限环的稳定性较弱，在 $d_{Mdm2} = 0.036$ 时，稳定性逐渐加强。特别是，在极限环上 p53 和 Mdm2 的低表达处稳定性更强。闭环形状的能量面对应着 p53 的振荡，p53 的振荡可以引起细胞周期阻滞，促进 DNA 的修复，进而可以使细胞生存下来。因此，我们可以调控 Mdm2 的降解速率在此范围内，使 p53 表现为振荡。

第五，当 $0.043 \leqslant d_{Mdm2} \leqslant 0.05$ 时，在周期吸引子的里面出现了一个点吸引子，意味着系统具有极限环的振荡和稳定稳态。而且，随着 d_{Mdm2} 的增加，越来越低的稳态的势能说明了它越来越强的稳定性。然而这个稳态对应 p53 和 Mdm2 的表达较高，是细胞凋亡的主要标志。因此，当 d_{Mdm2} 在这个范围内变化时，可以产生细胞凋亡或者细胞周期阻滞两种命运。

第六，对于较高的 d_{Mdm2}（$d_{Mdm2} > 0.05$），比如 $d_{Mdm2} = 0.06$，周

期吸引子消失，而稳态吸引子变得全局稳定。这个稳态下，p53的表达较高，而Mdm2的表达较低。一般，在DNA轻度损伤下，p53的聚集和Mdm2的稀释会导致细胞凋亡。

能量面刻画了p53-Mdm2振子系统的全局动力学和稳定性。对于p53振荡的非平衡稳态的全局性质，不仅由能量面，而且还由势能的负梯度力和概率流刻画，它们都是非平衡系统的重要性质。图3-8描述的是能量面在二维平面上的投影，其上的白色箭头是概率流向量（$\mathbf{J}_{ss}/P_{ss}$），而黑色箭头是势能的负梯度力（$-D\nabla U$）。我们讨论了不同噪声强度对它们的影响。在小噪声强度下，比如$D=2\times10^{-6}$，从图3-8（a）可以看到，具有闭环形状的低势能面近似确定的振荡轨迹。尤其在（[p53]，[Mdm2]）=（1，0.03）附近，势能更小，意味着系统在这些状态的时间较长。此外，白色箭头的概率流平行于振荡轨迹，且沿着振荡轨迹循环，它是使系统沿着极限环运动的驱动力。然而黑色箭头的负梯度力垂直于闭环，把系统吸引到振荡轨迹的主要驱动力。

此外，增大噪声强度，比如$D=2\times10^{-5}$，从图3-8（b）可以看出，很难区分振荡轨迹的闭环和其内部的势能，因此，系统可以在这些状态之间自由切换。即在大的噪声强度下，极限环的吸引变得越来越弱，系统的稳定性减小；相反，如果系统的噪声越小，系统越鲁棒。同时，可以看到，概率流依然是沿着极限环的振荡轨迹，势能的负梯度力垂直于极限环。

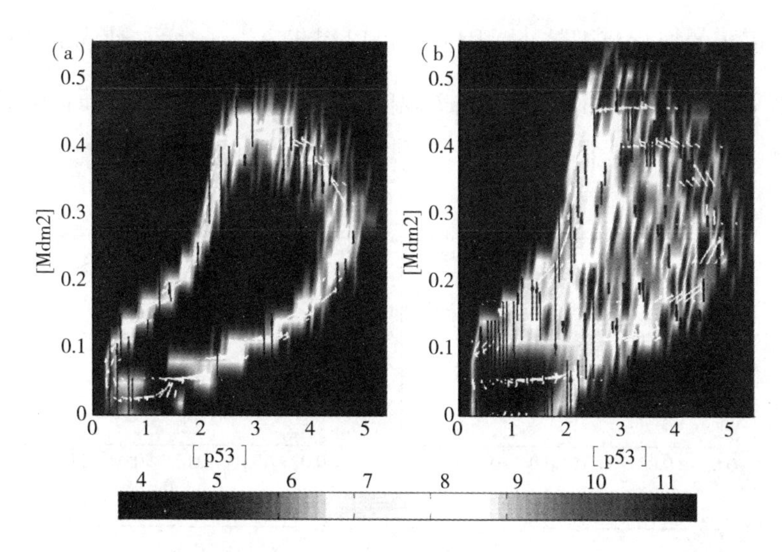

图 3-8　不同噪声强度下能量面上的概率流（白色箭头）和势能的负梯度力（黑色箭头）

注：(a) $D=2\times10^{-6}$；(b) $D=2\times10^{-5}$。

3. 全局稳定性的定量测量

(1) 流速、周期和振幅

概率流与生物节律的周期密切相关，且能改变基因表达或者控制细胞分化。在本节，我们探讨了 d_{Mdm2} 对概率流的平均流速、振荡的周期和振幅的影响以及流速和周期的关系。

图 3-9 (a) 描述了 d_{Mdm2} 对周期的影响。在产生振荡的分岔点附近，周期发生了突然变化。周期先增到最大值 10 小时，然后

又逐渐减小到1小时，更多保持在5小时附近。图3-9（b）说明了振幅的变化范围较小。因此，可以得出 d_{Mdm2} 的增加使Mdm2的水平减小，而低水平的Mdm2倾向于减小振荡的周期，而振幅几乎不变。

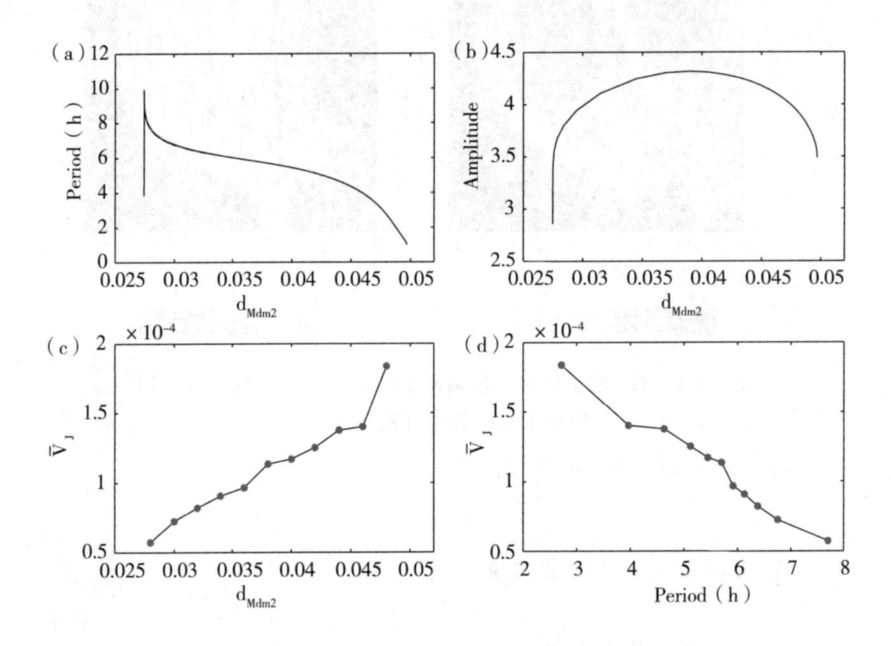

图3-9　d_{Mdm2} 对［p53］振荡周期、振幅和流速的影响

注：不同 d_{Mdm2} 下，振荡的周期（a），振幅（b）和平均流速（c）；（d）在相同 d_{Mdm2} 下，平均流速和周期的关系。

进一步，我们考虑了概率流沿着极限环的平均流速，平均流速 $\mathbf{J}_{ss}$ 定义为：

$$\overline{V_J}=\frac{\oint \frac{\vec{\mathbf{J}}_{ss}\cdot\vec{\mathbf{F}}}{|\vec{\mathbf{F}}|}dl}{\oint dl}=\frac{\int_0^T\vec{\mathbf{J}}_{ss}\cdot\vec{\mathbf{F}}dt}{\int_0^T\vec{\mathbf{F}}dt} \tag{3.7}$$

其中，l 和 T 分别表示极限环的周长和周期。

图 3-9（c）给出了 d_{Mdm2} 对平均流速的影响，流速随着 d_{Mdm2} 的增大而增加。增加的流速使振荡的周期减小，它们的定量关系见图 3-9（d）。从图 3-9 中可以看出，流速越大，周期越短，说明了概率流是系统沿着极限环运动的主要驱动力。因此，概率流不仅对系统的稳定性很重要，而且对研究生物节律的周期提供了工具。

（2）势垒高度和熵产生率

下面，我们从两方面探讨 Mdm2 的降解速率 d_{Mdm2} 对系统的全局动力学和稳定性的影响。一方面，利用热力学中的熵产生率考虑系统的能量耗散；另一方面，利用由能量面拓扑结构确定的势垒高度考虑系统的稳定性。

对于开放的非平衡系统，要与外部环境进行信息和能量交换，因此有能量耗散。根据 Qian H.（2002）给出的平均热耗散率（h_d）有公式如下：

$$h_d=\int \mathbf{F}(\mathbf{x})\cdot\mathbf{J}(\mathbf{x},t)d\mathbf{x} \tag{3.8}$$

其中，**F** 是驱动力，**J** 为概率流向量。当非平衡系统达到稳态的时候，系统的热耗散率（h_d）等于熵产生率（e_p）。因此，可以利用熵产生率刻画非平衡系统耗散的物理性质。首先，我们探讨了 Mdm2 的降解速率对 p53-Mdm2 振子系统热耗散的影响。熵产生率和 Mdm2 降解速率的关系见图 3-10（a），图中的曲线被虚线分成六部分，这六部分是根据不同的动力学而划分的，与图 3-6 中的分岔图一致。在第一和第二部分耗散率单调减小到最小值，而最小值是在第三部分中取得的，对应 p53 和 Mdm2 的低表达。一般，当系统的耗散率最小时，系统更稳定，这也与能量面图 3-7 中 $d_{Mdm2}=0.0028$ 的最低势能对应。然而，在第三部分耗散率更多地保持在 3.19×10^{-7} 附近。在第四和第五部分耗散率随着 d_{Mdm2} 的增加而增长，因为系统均有振荡的动力学。然而，第五部分的曲线增长速度比较大，而且达到耗散率的最大值，主要因为在此部分还有单稳态。在第六部分，耗散率下降并几乎保持在 4.15×10^{-7} 附近，此时系统保持单稳态。根据上面的分析，可以看到 d_{Mdm2} 对系统热耗散的影响。因此，我们可以根据耗散率来调整 Mdm2 的降解速率，以确保最稳定的系统。

系统在第四部分达到稳定的振荡，因此，针对这部分，我们根据能量面的拓扑结构探讨系统的鲁棒性。在这里，我们考虑能量面上的势垒高度。势垒高度定义为 $BH=U_{max}-U_{min}$，其中 U_{max} 是振荡极限环内部的势能最大值，U_{min} 是沿着极限环的势能最小值。

图 3-10（b）中给出了 d_{Mdm2}和势垒高度的关系。可以看到，随着 d_{Mdm2}的增大，势垒高度先增长，然后又减小。当 d_{Mdm2}在 0.036 附近变化时，势垒高度达到最大值，因此振荡最稳定和最鲁棒；然而在这个区域的两边，势垒高度较小，因为这两边接近区域 3 和区域 5，而这两个区域都有单稳态。

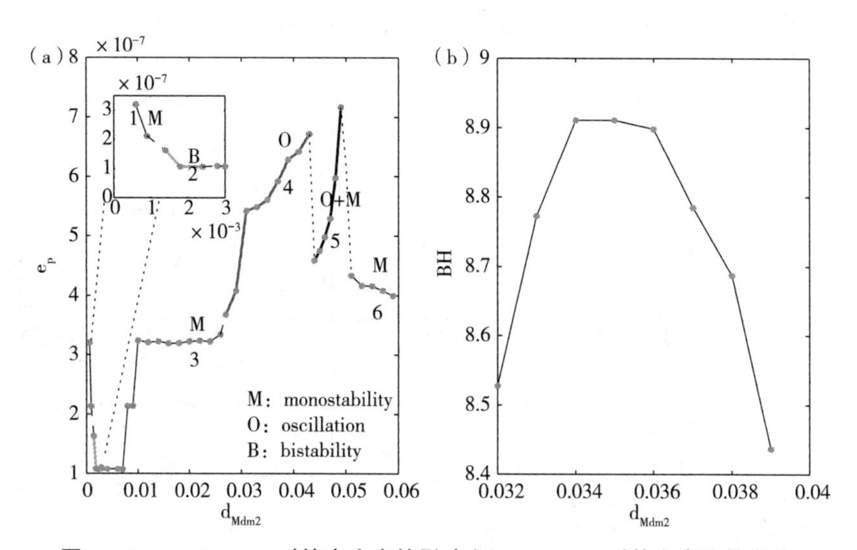

图 3-10　（a）d_{Mdm2}对熵产生率的影响和（b）d_{Mdm2}对势垒高度的影响

4. 全局敏感度分析

（1）基于势垒高度和熵产生率的敏感度分析

在本节，我们探讨了系统对速率常数的敏感度。速率常数描述的是反应进行的速度，为了发现哪个反应对维持振荡的稳定性比较重要，我们对速率常数做了微小的改变，然后探讨势垒高度和系统耗散的改变，以此来推断系统对哪个反应更敏感。

针对每个速率常数，相对于本底值，分别增加或者减少10%，势垒高度和熵产生率的相对改变以条形显示，如图3-11所示。从图3-11可以看到，势垒高度和熵产生率对参数变化的敏感程度不同，熵产生率对参数的变化更敏感。

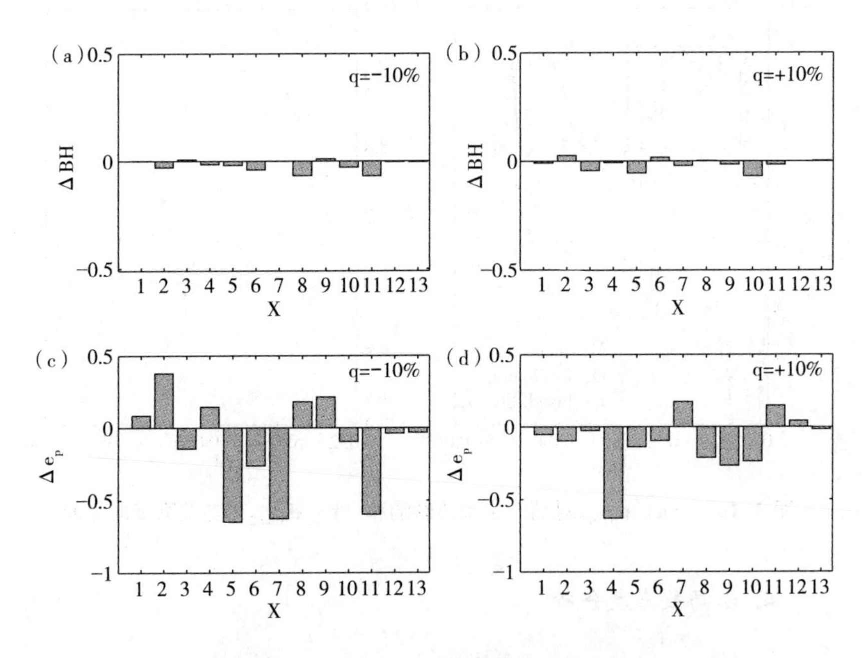

图3-11　速率常数对振荡敏感性的影响

注：(a)(b)增加和减小速率常数10%对势垒高度的影响。(c)(d)速率常数增加和减小10%对熵产生率的影响。x轴对应的速率常数为：1：α_1，2：K_1，3：$\bar{v}_{p53}$，4：$\bar{d}_{p53}$，5：$\bar{K}_2$，6：K_3，7：$\bar{v}_{Mdm2}$，8：k_{in}，9：k_{out}，10：d_{Mdm2}，11：$\bar{f}$，12：K_4，13：K_5。q的值表示增加或者减小的比例。

图 3-11（a）和（b）给出了势垒高度的敏感度。当参数减小的时候，势垒高度对 k_{in} 和 $\bar{f}$ 更敏感，而这两个参数均直接影响细胞核中的 Mdm2 的表达。然而当参数增加的时候，$\bar{v}_{p53}$、$\bar{K}_2$ 和 d_{Mdm2} 对系统的影响更大。其中 $\bar{v}_{p53}$ 和 $\bar{K}_2$ 可以直接影响 p53 的水平，d_{Mdm2} 直接关系到细胞质细胞核中 Mdm2 的表达。图 3-11（c）和（d）刻画了熵产生率的敏感度，当参数减小的时候，$\bar{K}_2$、$\bar{v}_{Mdm2}$ 和 $\bar{f}$ 可以很大地影响熵产生率。同时，$\bar{K}_2$ 和 $\bar{f}$ 与 PDCD5 和 ATM 调控的 p53 和细胞核中的 Mdm2 浓度有关。$\bar{v}_{Mdm2}$ 可以引起细胞质中 Mdm2 的产生。对比而言，当参数增长的时候，熵产生率对参数的变化比较鲁棒，除了控制 p53 的降解速率 $\bar{d}_{p53}$ 以外。

（2）单细胞和群体细胞水平的能量面比较

上面的分析都基于单细胞水平，即速率常数不变。即便是在进行敏感度分析时，只是一个参数微小改变，其他参数不变。然而，在群体细胞中，每个细胞由于内部发生了变化，比如突变，它可以影响或者完全去掉一些成分或者作用，因此，每个细胞中的速率常数可能不全相同。因此，下面给出群体水平下的能量面，并与单细胞水平的能量面进行比较。为了比较，两种情况下 $d_{Mdm2}=0.036$ 保持不变。单细胞水平下，参数取本底值，见表 3-1。然而在群体细胞水平下，速率常数在本底值的 10%内变化。

在相同噪声强度 $D=2\times10^{-6}$下，两种情况下的能量面见图 3-12。

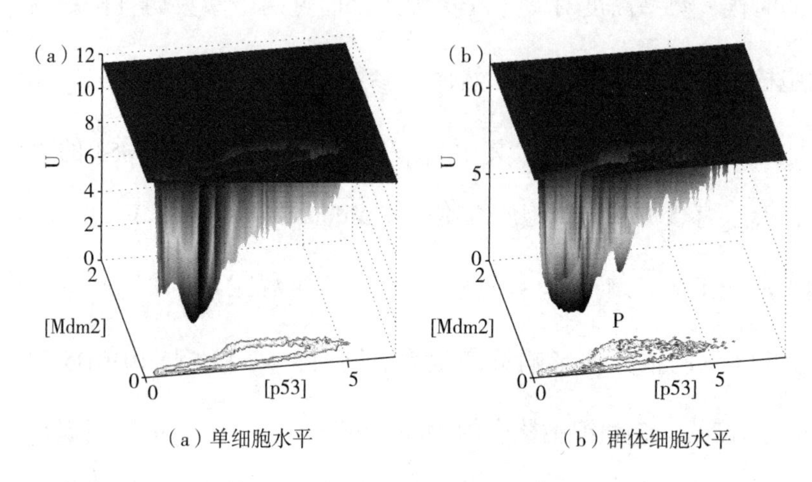

（a）单细胞水平　　（b）群体细胞水平

图 3-12　单细胞和群体细胞水平的能量面

从图 3-12（a）中可以看到，单细胞水平的能量面呈闭环形状，系统只具有稳定的极限环。然而，根据图 3-12（b）可知，群体水平下，闭环形状的能量面里面出现了一个稳定的吸引子。因此，可以推理出，在群体细胞中，不同的细胞可能会出现不同的动力学，主要是因为每个细胞中速率常数不同。

本章小结

在本章中，我们考虑了 p53-Mdm2 振子模型，讨论了 Mdm2 生成和降解速率如何调控 p53 的动力学和稳定性。

首先，分岔分析的结果显示，Mdm2 生成率的不同，会使 p53 有单稳态、振荡以及单稳与周期振荡共存的动力学。能量面描述了系统的全局稳定性。p53 的振荡可以决定细胞命运，因此针对 p53 振荡情况，我们讨论了噪声强度对势垒高度和振荡周期的影响，进而分析了系统的稳定性。结果显示，势垒高度较高以及周期振荡时，振荡系统更稳定。

其次，随着 Mdm2 降解速率的变化，我们发现了不同的能量面，意味着 p53 表现出丰富的动力学，包括单稳态、两个稳定的稳态和振荡，以及振荡和单稳态共存的双稳态。振荡动力学的能量面具有闭环形状。势能的负梯度将系统吸引到稳定极限环上，而沿着极限环的概率流是振荡的驱动力。同时，我们发现概率流对振荡的稳定性和周期很重要。沿着极限环的流速与振荡的周期密切相关。流速越快，周期越小。进一步，我们利用能量面的拓扑结构、势垒高度和热耗散的熵产生率，刻画了 Mdm2 降解速率对系统全局稳定性的影响。进而，根据势垒高度和熵产生率，我们探讨了速率常数对系统鲁棒性的影响。因此，通过调节 Mdm2 生成和降解速率而改变 p53 的动力学，进而可能产生细胞周期阻滞或者凋亡两种命运，而这两种命运都可以阻止肿瘤的发展，对许多疾病提供治疗策略。

|第 四 章|

PDCD5 调控的 p53-Mdm2 模块的分岔分析和能量面

一、生物背景

程序性细胞死亡分子 5（Programmed Cell Death 5，PDCD5），即 TFAR19（TF-1 Cell Apoptosis-Related Gene 19），是一个与凋亡相关的基因，是北京大学人类疾病基因研究中心马大龙研究组在 1999 年发现的。蛋白质 PDCD5 可以在各种刺激下促进不同细胞的凋亡。在各种癌症细胞中可以看到 PDCD5 的表达水平降低，当 DNA 受到损伤后，PDCD5 的表达迅速上调，并且与凋亡路径相互作用，在凋亡的初期，从细胞质转移到细胞核中。最近，新的证据显示在基因表达和细胞周期的时候，PDCD5 可以作为 p53 的调控子，抑制 Mdm2 调控的泛素化和加速 Mdm2 的降解，进而对 p53 起到调控作用。因此，在 DNA 损伤时，PDCD5 可以作为 p53 的共同激活子，进而调控细胞周期的阻滞和细胞的凋亡。

第三章介绍了肿瘤抑制蛋白 p53 的动力学可以决定 DNA 损伤

后的细胞命运，讨论了 PDCD5 调控的 p53-Mdm2 模块，而 PD-CD5 的表达水平假设不变。然而，实际上 PDCD5 在很多疾病的细胞中表达失调，在多囊卵巢综合征和甲状腺肿瘤细胞中发现了 PDCD5 的表达水平过高，而在肝癌和白血病等中，PDCD5 的表达水平过低。所以本章重点讨论了 PDCD5 的表达水平对 p53 动力学的影响。

二、模型方程

基于第二章的模型和 Zhang X. P.（2009）和 Batchelor（2008）的工作，诸葛等进一步增加考虑了变化水平的 ATM 和在 Ser-395 位点磷酸化的 Mdm2，扩充为新的模型，如图 4-1 所示。

在模型中，DNA 损伤引起 DNA 双链断裂后，DNA 修复蛋白束缚到 DNA 上形成复合物，复合物将 ATM 的二聚体变为激活的 ATM 单体（ATM^*），ATM^* 将损伤信号传递给 p53，并且促进Ser-15 位点处 p53 和 Ser-395 位点处 Mdm2 的磷酸化（$Mdm2_{cyt}^{395P}$）。p53 的磷酸化可以提高基因 Mdm2 的表达，进一步促进细胞质中 Mdm2 蛋白质（$Mdm2_{cyt}$）的产生。此外，激活的 p53 通过蛋白质 Wip1 抑制 ATM 的表达，形成了负反馈回路。在 Ser-395 位点处磷酸的 Mdm2 可以与 p53 的 mRNA 相互作用，进而促进 p53 的翻

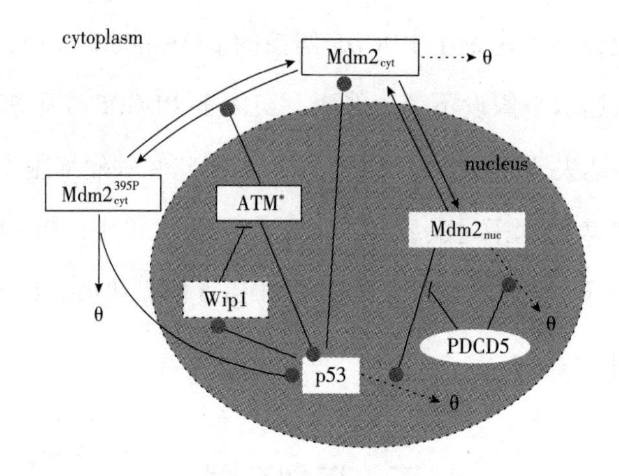

图 4-1　PDCD5 调控的 p53-Mdm2 通路

注：通路中包括三个反馈回路：负反馈回路为 p53-$Mdm2_{cyt}$-$Mdm2_{nuc}$ 和 p53-Wip1-ATM；正反馈回路为 p53-$Mdm2_{cyt}$-$Mdm2_{cyt}^{395P}$。带箭头的实线表示状态转化，虚线表示降解；顶部带有圆圈和线段的线分别表示促进和抑制作用。

译，Mdm2 的磷酸化可以增加自身的泛素化而促进本身的降解。细胞核中的 Mdm2（$Mdm2_{nuc}$）附着在 p53 上，促进 p53 的降解。PDCD5 加速 $Mdm2_{nuc}$的降解，从而抑制它对 p53 的降解作用。

在模型的方程中，我们忽略了 Wip1 的作用，而考虑了激活的 ATM（[ATM*]）、激活的 p53（[p53]）、细胞核中的 Mdm2（[$Mdm2_{nuc}$]）、细胞质中的 Mdm2（[$Mdm2_{cyt}$]）以及细胞质中在 Ser-395 位点处磷酸化的 Mdm2（[$Mdm2_{cyt}^{395P}$]）间的相互作用。针对 DNA 损伤后几个小时的修复过程，激活的 ATM 的产生率假设是常数，同时 PDCD5 的表达水平上调并记为常数 P_0。

模型的方程如下：

$$\frac{d[p53]}{dt}=v_{p53}([Mdm2_{cyt}^{395P}],[ATM])-d_{p53}([Mdm2_{nuc}])[p53] \tag{4.1}$$

$$\begin{aligned}\frac{d[Mdm2_{cyt}]}{dt}=&v_{Mdm2}([p53])-d_{Mdm2}[Mdm2_{cyt}]-k_{in}[Mdm2_{cyt}]-\\&k_{out}[Mdm2_{nuc}]-k_p([ATM])[Mdm2_{cyt}]-\\&k_q[Mdm2_{cyt}^{395P}]\end{aligned} \tag{4.2}$$

$$\begin{aligned}\frac{d[Mdm2_{cyt}^{395P}]}{dt}=&k_p([ATM])[Mdm2_{cyt}]-k_q[Mdm2_{cyt}^{395P}]-\\&g_0 d_{Mdm2}[Mdm2_{cyt}^{395P}]\end{aligned} \tag{4.3}$$

$$\frac{d[Mdm2_{nuc}]}{dt}=k_{in}[Mdm2_{cyt}]-k_{out}[Mdm2_{nuc}]-f(t)d_{Mdm2}[Mdm2_{nuc}] \tag{4.4}$$

$$\frac{d[ATM]}{dt}=v_A(t)-d_{ATM}([p53])[ATM] \tag{4.5}$$

此处 k_{in}、k_{out} 和 d_{Mdm2} 是常数，其他子函数表示为：

$$v_{p53}([Mdm2_{cyt}^{395P}],[ATM])=\bar{v}_{p53}\left[(1-\rho_0)+\rho_0\frac{[ATM]^{S_0}}{K_0^{S_0}+[ATM]^{S_0}}\right]$$

$$\times\left[(1-\rho_1)+\rho_1\frac{[Mdm2_{cyt}^{395P}]^{S_1}}{K_1^{S_1}+[Mdm2_{cyt}^{395P}]^{S_1}}\right] \tag{4.6}$$

$$d_{p53}([Mdm2_{nuc}])=\bar{d}_{p53}\left[(1-\rho_2)+\rho_2\frac{[Mdm2_{nuc}]^{S_2}}{K_2[P(t)]^{S_2}+[Mdm2_{nuc}]^{S_2}}\right] \tag{4.7}$$

$$K_2(P)=\bar{K}_2\left[(1-r_1)+r_1\frac{(\alpha_1 P)^{m_1}}{1+(\alpha_1 P)^{m_1}}\right] \tag{4.8}$$

$$v_{Mdm2}([p53])=\bar{v}_{Mdm2}\left[(1-\rho_3)+\rho_3\frac{[p53]^{S_3}}{K_3^{S_3}+[p53]^{S_3}}\right] \tag{4.9}$$

$$k_p([ATM])=\bar{k}_p\left[(1-\rho_4)+\rho_4\frac{[ATM]^{S_4}}{K_4^{S_4}+[ATM]^{S_4}}\right] \tag{4.10}$$

$$f(t)=1+r_2P(t) \tag{4.11}$$

$$d_{ATM}([p53])=\bar{d}_{ATM}\left[(1-\rho_5)+\rho_5\frac{[p53]^{S_5}}{K_5^{S_5}+[p53]^{S_5}})\right] \tag{4.12}$$

模型主要参考并简化了张小鹏（2009）和 Batchelor（2008）等的结果。模型中每种分子的变化率解释如下：在模型中，假设激活 p53 的产生率依赖于 p53 的翻译。激活的 ATM（$[ATM^*]$）促进 Ser-395 位点 Mdm2 的磷酸化，而磷酸化的 Mdm2 促进 p53 的翻译，这两个作用是相互独立的。因此 p53 的产生率通过乘积形式的希尔函数给出，见方程（4.6）。对于 p53 的降解速率，$Mdm2_{nuc}$促进

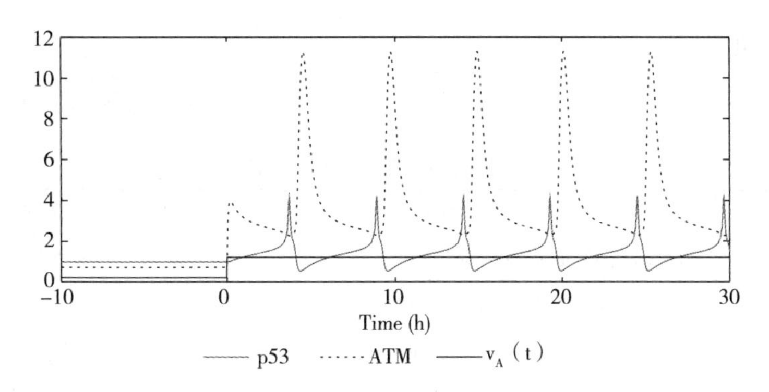

图 4-2 基于 ATM 产生率的样本轨迹

p53 的降解，而 PDCD5 抑制了这个作用。p53 降解速率的描述参考了张小鹏（2009）的文章中的 Goldbeter-Koshand 函数，利用希尔函数描述 $Mdm2_{nuc}$ 促进 p53 降解作用，而 PDCD5 的抑制作用体现在希尔函数的 EC50 上。$[Mdm2_{cyt}]$ 和 $[Mdm2_{cyt}^{395P}]$ 的产生分别由 p53 和激活的 ATM 加速，因此，它们的产生率分别由希尔函数描述。PDCD5 对 $Mdm2_{nuc}$ 的降解作用由 PDCD5 的线性函数给出。p53 对 ATM 的抑制作用由希尔函数描述，参考 Batchelor（2008）等的模型后，ATM 的产生率假设为常数。ATM 的产生率与 p53 的动力学关系见图 4-2，可以看到，只有当产生率达到一定阈值的时候，p53 才具有振荡动力学。因此，在下面的模拟中，均假设 $v_A = 1.2$。

参数的取值参考了张小鹏的文章，具体的意义和取值见表 4-1。这些取值使 p53 振荡的周期在 5 小时左右，与 Batchelor 等的实验结果一致。

表 4-1　参数和初始值，C_s 为浓度单位

Parameter	Description	Values
$\bar{v}_{p53}$	Maximum p53 production rate	$0.95\ C_s min^{-1}$
s_0	Hill's coefficient of p53 activation by ATM	4
ρ_0	Regulation strength of p53 activation by ATM	0.9
K_0	EC50 of p53 activation by ATM	$0.3\ C_s$
s_1	Hill's coefficient of p53 translation by $Mdm2_{cyt}^{395P}$	4
ρ_1	Regulation strength of p53 translation by $Mdm2_{cyt}^{395P}$	0.98
K_1	EC50 of p53 translation by $Mdm2_{cyt}^{395P}$	$0.057\ C_s$
$\bar{d}_{p53}$	Maximum degradation rate of p53	$0.53\ min^{-1}$
s_2	Hill's coefficient of p53 degradation by $Mdm2_{nuc}$	4
ρ_2	Regulation strength of p53 degradation by $Mdm2_{nuc}$	0.97
$\bar{K}_2$	Maximum EC50 of p53 degradation by $Mdm2_{nuc}$	$0.09\ C_s$
m_1	Hill's coefficient of EC50 K_2 by PDCD5	4
r_1	Strength of EC50 K_2 by PDCD5	0.8
α_1	Regulation efficiency of PDCD5 to the EC50 K_2	$3.3\ C_s^{-1}$
$\bar{v}_{Mdm2}$	Maximum production rate of $Mdm2_{cyt}$	$0.135\ min^{-1}$
s_3	Hill's coefficient of Mdm2 production by p53	4
ρ_3	Regulation strength of Mdm2 production by p53	0.98
K_3	EC50 of Mdm2 production by p53	$4.43\ C_s$
k_{in}	Shuttle rate of Mdm2 into nucleus	$0.14\ min^{-1}$
k_{out}	Shuttle rate of Mdm2 out of nucleus	$0.01\ min^{-1}$
$\bar{k}_p$	Maximum phosphorylation rate of Mdm2 at Ser-395	$0.65\ min^{-1}$
s_4	Hill's coefficient function of Mdm2 phosphorylation by ATM	2

续表

Parameter	Description	Values
ρ_4	Regulation strength of Mdm2 phosphorylation by ATM	0.9
K_4	EC40 of Mdm2 phosphorylation by ATM	1 C_s
k_q	ATM dephosphorylation rate	0.24 min^{-1}
d_{Mdm2}	Mdm2 degradation rate	0.034 min^{-1}
g_0	Increase factor of Mdm2 degradation rate by phosphorylation	3.58
r_2	PDCD5 dependent Mdm2 degradation rate coefficient	1.5C_s^{-1}
P_0	PDCD5 level during DNA damage	0.55C_s
$\bar{d}_{ATM}$	Active ATM degradation rate	0.53
s_5	Active ATM degradation rate by p53	4
ρ_5	Regulation strength of active ATM degradation by p53	0.9
K_5	EC50 of active ATM degradation by p53	1 C_s
v_A	Active ATM production rate during DNA damage	1.2min^{-1}

三、研究结果

（一）无量纲化

在本节，针对方程（4.1）、方程（4.5），进行了无量纲化，引进无量纲变量：

$$x=[p53]/K_5,\ y_1=[Mdm2_{cyt}]/K_1,\ y_2=[Mdm2_{nuc}]/\bar{K}_2,$$

$$y_3=[Mdm2_{cyt}^{395P}]/K_1,\ z=[ATM]/K_4,\ p(t)=r_2P(t),\ \tau=\bar{d}_{p53}t$$

我们得到无量纲的方程：

$$\frac{dx}{d\tau}=v_0(y_3, z)-d_0(y_2)x \tag{4.13}$$

$$\frac{dy_1}{d\tau}=v_1(x)-k_1y_1+k_{-1}\gamma y_2-d_2y_1-k_2(z)y_1+k_{-2}y_3 \tag{4.14}$$

$$\frac{dy_2}{d\tau}=(k_1/\gamma)y_1-k_{-1}y_2-f(t)d_2y_2 \tag{4.15}$$

$$\frac{dy_3}{d\tau}=k_2(z)y_1-k_{-2}y_3-g_0d_2z \tag{4.16}$$

$$\frac{dz}{d\tau}=\bar{v}_a-d_a(x)z \tag{4.17}$$

其中：

$$v_0(y_3, z)=\bar{v}_0\left[(1-\rho_0)+\rho_0\frac{z^{S_0}}{k_0^{S_0}+z^{S_0}}\right]\left[(1-\rho_1)+\rho_1\frac{y_3^{S_1}}{1+y_3^{S_1}}\right]$$

$$d_0(y_2)=(1-\rho_2)+\rho_2\frac{y_2^{S_2}}{\widetilde{K}_2[P(t)]^{S_2}+y_2^{S_2}}$$

$$\widetilde{K}_2(P)=(1-r_1)+r_1\frac{[\alpha p(t)]^{m_1}}{1+[\alpha p(t)]^{m_1}}$$

$$v_1(x)=\bar{v}_1\left[(1-\rho_3)+\rho_3\frac{x^{S_3}}{k_3^{S_3}+x^{S_3}}\right]$$

$$k_2(z)=\bar{k}_2\left[(1-\rho_4)+\rho_4\frac{z^{S_3}}{1+z^{S_3}}\right]$$

$$f(t)=1+p(t)$$

$$d_a(x)=\bar{d}_a\left[(1-\rho_5)+\rho_5\frac{x^{S_5}}{1+x^{S_5}}\right]$$

无量纲参数为：

$$\bar{v}_0=\bar{v}_{p53}/(\bar{d}_{p53}K_5),\ \bar{v}_1=\bar{v}_{Mdm2}/(\bar{d}_{p53}K_1),\ k_0=K_0/K_4,\ \alpha=\alpha_1/r_2$$

$$k_1=k_{in}/\bar{d}_{p53},\ k_{-1}=k_{out}/\bar{d}_{p53},\ \gamma=\bar{K}_2/K_1,k_3=K_3/K_5$$

$$\bar{k}_2=\bar{k}_p/\bar{d}_{p53},\ k_{-2}=k_q/\bar{d}_{p53},\ d_2=d_{Mdm2}/\bar{d}_{p53}$$

$$\bar{v}_a=v_{ATM}/(\bar{d}_{p53}K_4),\ \bar{d}_a=\bar{d}_{ATM}/\bar{d}_{p53}$$

根据表 4-1，无量纲参数值如下：$\bar{v}_0=1.604$，$\bar{v}_1=4.469$，$k_0=0.3$，$\alpha=2.2$，$k_1=0.264$，$k_{-1}=0.019$，$\gamma=1.579$，$k_3=4.433$，$k_2=1.226$，$k_{-2}=0.453$，$d_2=0.064$，$\bar{v}_a=2.264$，$\bar{d}_a=1$。

（二）p53 振荡的周期和振幅对参数变化的敏感性分析

表 4-2 给出了 p53 振荡的周期和振幅对所有参数变化的敏感度。在敏感度分析中，我们考虑了除希尔系数以外的所有参数，它们分别在本底值的基础上增加和减小 10%。在这两种情况下，探讨 p53 是否保持振荡；如果保持振荡，探讨周期和振幅的相对变化情况。可以看出，p53 振荡对 ρ_3 较敏感，ρ_3 是 p53 对 Mdm2 的调控强度。振荡周期对参数 $\bar{v}_{p53}$、$\bar{d}_{p53}$、K_3 和 k_{in} 比较敏感，对参数 K_5、K_0、r_1、α_1、k_{out}、K_4 和 r_2 鲁棒。

表 4-2　p53 振荡周期和振幅的敏感性分析

	Periods		Amplitudes	
Parameters	+10%	-10%	+10%	-10%
K_5	-4. 5746	5. 0401	0. 4856	-0. 3611
$\bar{d}_{ATM}$	8. 5072	-5. 8855	-3. 7153	3. 0380
K_0	-0. 0268	-0. 0803	-0. 0030	0. 0162
ρ_1	—	-78. 8716	—	-7. 5233
K_1	—	-35. 5805	—	7. 8394
$\bar{v}_{p53}$	-26. 8860	205. 9390	8. 4064	-9. 9626
ρ_2	-61. 5730	—	12. 9089	—
$\bar{d}_{p53}$	112. 4398	-23. 6872	-5. 6686	4. 8971
r_1	1. 3571	-1. 3644	-0. 8671	0. 8398
α_1	-3. 6918	7. 8652	2. 2748	-4. 2859
$\bar{K}_2$	-12. 7341	62. 3328	9. 3681	-17. 8211
ρ_3	—	—	—	—
K_3	224. 5586	-30. 4173	-0. 3696	-1. 2803
$\bar{v}_{Mdm2}$	-26. 0781	89. 1921	-1. 0213	0. 6975
k_{in}	119. 3900	-22. 1738	-15. 9121	9. 4944
k_{out}	-4. 4676	5. 0722	0. 4122	-0. 5476
K_4	8. 4109	-5. 8587	-3. 6397	2. 9798
$\bar{k}_p$	-22. 9305	—	8. 3799	—
k_q	42. 8571	-18. 5508	-7. 2514	4. 2413
d_{Mdm2}	28. 9326	-15. 9826	1. 7413	-3. 0332
r_2	-6. 5008	9. 0209	1. 4115	-2. 4034
g_0	60. 6742	-24. 8108	-2. 7626	1. 1426

注：①“—”说明 p53 没有振荡；②值是相对百分比的变化。

(三) 余维-2 分岔分析

在本节，我们调查了 PDCD5 和 p53 间的相互作用如何来调控

p53的动力学，进而根据p53的动力学可以确定DNA损伤后的细胞命运。因此，我们做了关于PDCD5的表达水平 P_0 和p53的最大产生率 $\bar{v}_{p53}$ 的余维-2分岔图，见图4-3。我们利用XPPAUT中的AUTO软件包得到分岔图，分岔图中描述了PDCD5的水平和p53的最大产生率对p53动力学的影响，详细情况在下面介绍。

参数（$\bar{v}_{p53}$，P_0）的余维-2分岔图被分岔曲线分成14个区域，14个区域分别由Ⅰ-ⅩⅣ表示且图4-4给出了相应的相图。下面我们详细地介绍余维-2分岔图和相图。

（1）在图4-3（a）、（b）区域Ⅰ内，系统只有一个稳定的稳态（见图4-4Ⅰ）。也就是说，当p53的产生率较低，不管PDCD5的表达水平如何，p53达到低的稳态。

（2）当参数从区域Ⅰ穿过fold分岔曲线 f_1^- 到区域Ⅱ，具体见图4-3（b），fold分岔会使系统又出现了一个稳定的结点和一个鞍点，因此在区域Ⅱ有两个稳定的稳态和不稳定的稳态（见图4-4Ⅱ）。区域Ⅱ的范围为：左边界为曲线 f_1^-，右边界为另一条fold分岔曲线 f_2；下边界由两条曲线构成，一条为超临界Hopf分岔曲线suph，另一条为极限环的fold分岔曲线 lpc_2。

（3）区域Ⅱ中的参数 P_0 减小，则会进入具有不同动力学的两个区域，即区域Ⅲ和Ⅵ。对于小的 $\bar{v}_{p53}$，区域Ⅱ中的 P_0 减小通过超临界 Hopf 分岔曲线 suph，使区域Ⅱ中高稳定的稳态失稳，同时产生稳定的极限环，因此，区域Ⅲ中有一个稳定的稳态和一个稳定的极限环以及两个不稳定的稳态（见图 4-4Ⅲ）。当 $\bar{v}_{p53}$ 较大时，P_0 减小会从区域Ⅱ通过极限环的 fold 分岔曲线 lpc_2 进入区域Ⅵ，具体见图 4-3（b），产生了一对稳定和不稳定的极限环，因此，区域Ⅵ中有两个稳定的稳态和一个稳定的极限环以及一个不稳定的稳态和一个不稳定的极限环（见图 4-4Ⅵ）。

（4）在区域Ⅵ中，两个稳定的稳态和一个稳定的极限环共存，高稳定的稳态和极限环被不稳定的稳态分开。当 P_0 进一步减小，会经过区域Ⅵ和Ⅴ之间的同宿分岔曲线 hc_1，进入区域Ⅴ，具体见图 4-3（b）。同宿分岔使区域Ⅵ中的稳定极限环消失，因此，区域Ⅴ中有两个稳定的稳态、一个不稳定的稳态以及一个不稳定的极限环（见图 4-4Ⅴ）。

（5）区域Ⅳ位于区域Ⅲ和Ⅴ的下面，具体见图 4-3(b)。当区域Ⅲ中的参数 P_0 减小，经过同宿分岔曲线 hc_1 进入区域Ⅳ，同宿

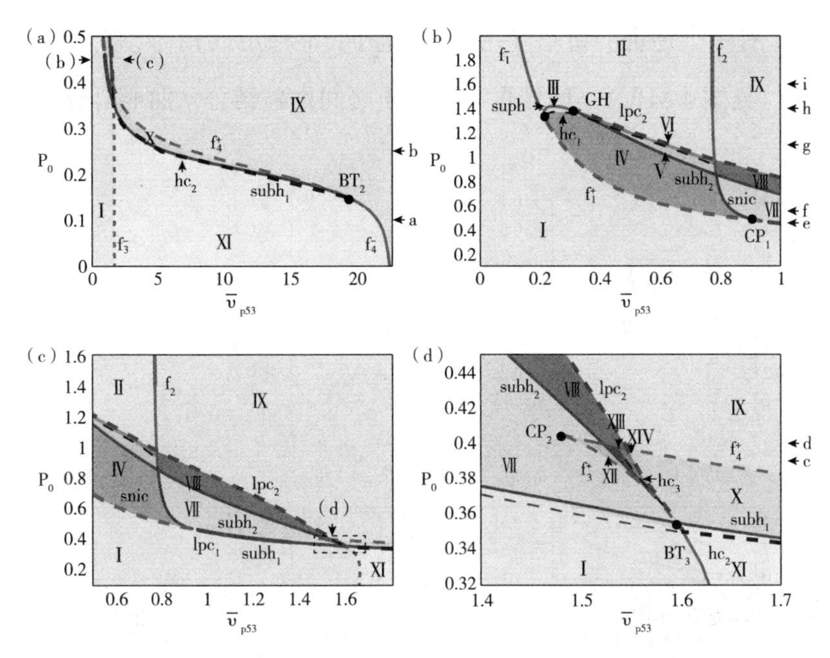

图 4-3　余维-2 分岔图

注：(a) 关于参数 ($\bar{v}_{p53}$，P_0) 的分岔图。(b) - (d) 是分岔图 (a) 中的放大部分。余维-1 分岔曲线有 suph-超临界 Hopf 分岔；$subh_1$、$subh_2$-亚临界 Hopf 分岔；f_i，$f_i^{\pm}$-平衡点的 fold 分岔曲线；lpc_1，lpc_2-极限环的 fold 分岔曲线；hc_1，hc_2-同宿分岔曲线。这些曲线将平面 ($\bar{v}_{p53}$，P_0) 分成 14 个区域 I 至 XIV。余维-2 分岔点有 GH-一般 Hopf 分岔，CP_i-cusp 分岔，BT_i-Bogdanov-Takens 分岔。图右边标记的字母 (a) 至 (i) 对应的 P_0 会用在余维-1 分岔图 4-6 中。(a) 和 (c) 中的虚线方形被分别放大在 (b) 和 (d) 中。

分岔使区域Ⅲ中稳定的极限环失稳。当区域Ⅴ中的参数 P_0 减小，经过亚临界 Hopf 分岔曲线 $subh_2$ 进入区域Ⅳ，亚临界 Hopf 分岔使区域Ⅴ中的稳定稳态失稳，不稳定极限环消失。因此，在区域Ⅳ

中，有一个稳定的稳态（结点）和两个不稳定的稳态(鞍点和结点)(见图 4-4Ⅳ)。区域Ⅳ与区域Ⅰ之间由鞍结分岔曲线 f_1^+分开。

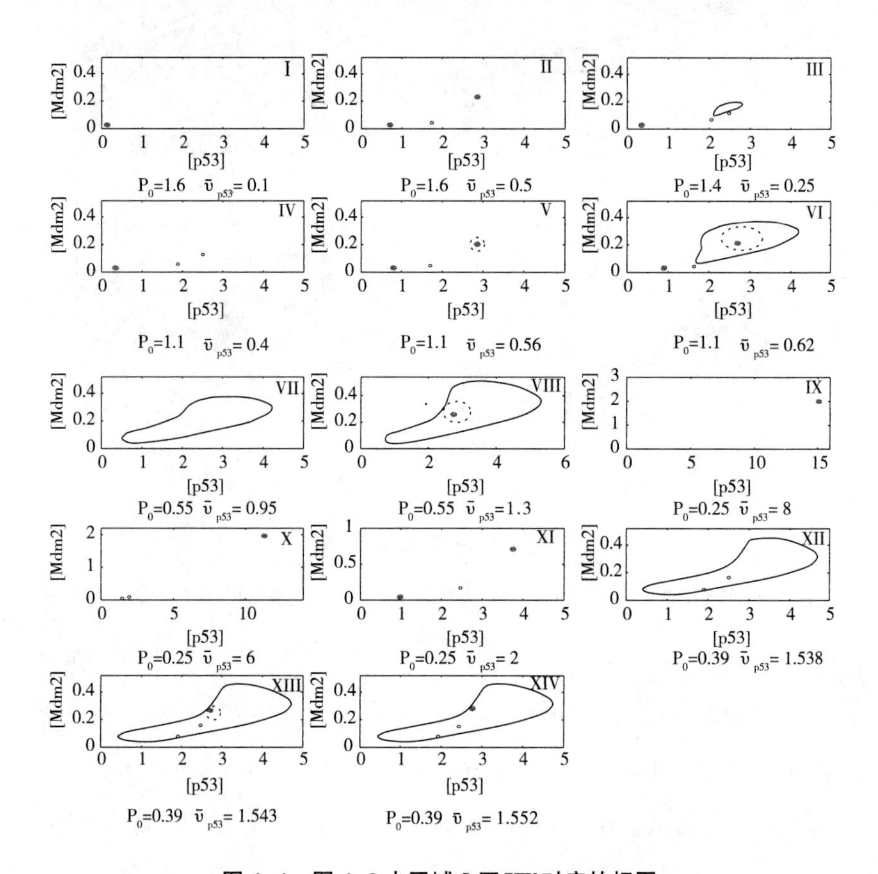

图 4-4 图 4-3 中区域Ⅰ至ⅩⅣ对应的相图

注：实心点和空心点分别表示稳定和不稳定平衡点；实线和点线表示稳定和不稳定极限环。

（6）区域Ⅳ穿过鞍结同宿分岔曲线 snic 进入区域Ⅶ，具体见

图4-3（c），鞍结同宿分岔使区域Ⅳ中的稳定结点和鞍点碰撞消失，同时产生了一个稳定极限环，稳定的极限环围绕在另一个不稳定的稳态周围。而且，参数也可以由区域Ⅰ穿过亚临界Hopf分岔曲线 $subh_1$ 变化到区域Ⅶ，在穿过曲线 $subh_1$ 之前会经过一条离它很近的极限环的fold分岔曲线 lpc_1，具体见图4-3（c）。极限环的fold分岔会产生一个稳定和一个不稳定的极限环，接下来的亚临界Hopf分岔使不稳定的极限环消失，稳定的稳态失稳，因此，在区域Ⅶ中有一个稳定的极限环围绕着一个不稳定的稳态(见图4-4Ⅶ)。

（7）区域Ⅶ经过亚临界Hopf分岔曲线 $subh_2$ 进入区域Ⅷ，具体见图4-3（c），亚临界Hopf分岔使区域Ⅶ中不稳定的稳态变得稳定，同时在其周围产生了不稳定的极限环。因此，在区域Ⅷ中有一个稳定的稳态、一个稳定的极限环和一个不稳定的极限环(见图4-4Ⅷ)。

（8）区域Ⅸ，具体见图4-3（a）、（c），有一个高稳态，与区域Ⅰ相似。区域Ⅷ中的参数经过极限环的fold分岔曲线进入区域Ⅸ，具体见图4-3（c），极限环的fold分岔使区域Ⅷ中的稳定和不稳定极限环碰撞消失，剩下稳定的稳态。此外，区域Ⅱ中的参数可以穿过fold分岔曲线 f_2 进入区域Ⅸ，具体见图4-3（b），fold分岔使区域Ⅱ中一个稳定结点和鞍点碰撞消失，只留下一个稳定的稳态（见图 4-4Ⅸ）。

（9）区域Ⅸ穿过 fold 分岔曲线 f_4^+ 进入区域 X，具体见图 4-3（a）、（d），fold 分岔曲线 f_4^+ 产生了不稳定的结点和鞍点，因此，在区域 X 中有一个稳定的稳态和两个不稳定的稳态（见图 4-4X）。

（10）区域Ⅺ在图 4-3（c）、（d）中具有双稳态和一个不稳定的稳态（见图 4-4Ⅺ），有三条路径可以进入这个双稳态区域。第一条路径是：从区域 X 穿过亚临界 Hopf 分岔曲线 $subh_1$ 进入区域Ⅺ，靠近曲线 $subh_1$ 下面有一条同宿分岔曲线 hc_2，具体见图 4-3（a）。亚临界 Hopf 分岔使区域 X 中的不稳定的稳态获得稳定性，且在其周围产生不稳定的极限环，而这个极限环由于紧接着的同宿分岔而消失。第二条路径是：从区域 I 穿过 fold 分岔曲线 f_3^- 进入区域Ⅺ，fold 分岔曲线 f_3^- 产生了一对稳定和不稳定的稳态。第三条路径与第二条类似，参数从区域Ⅸ穿过 fold 分岔曲线 f_4^- 进入区域Ⅺ。

（11）最后，在（$\bar{v}_{p53}$，P_0）=（1.5，0.39）附近有三个区域（即Ⅻ至ⅩⅣ），它们都有一个稳定的极限环和三个稳态的相图，具体见图 4-3（d）。区域Ⅶ经过 fold 分岔曲线 f_3^+ 进入区域Ⅻ，fold 分岔 f_3^+ 产生了两个不稳定的稳态，因此在区域Ⅻ中有三个不稳定的稳态和一个稳定的极限环。从区域Ⅻ经过亚临界 Hopf 分岔曲线 $subh_2$ 进入区域ⅩⅢ，亚临界 Hopf 分岔使其中一个不稳定的稳态变得稳定，同时在其周围产生了不稳定的极限环。然而这个不稳定的极限环在区域XIV中消失，因为由位于区域XIII和XIV间的同宿分岔曲线 hc_3 引起。值得注意的是，在区域XIII和XIV内，有一个稳定的稳态和稳定的极限环的双稳态，与区域VIII相似。

在图 4-3 的 14 个区域上还有 6 个用黑点标记的余维-2 分岔点，分别为两个 cusp 点（CP_1 和 CP_2）、一个一般 Hopf 分岔点（GH）和三个 Bogdanov-Takens 分岔点（BT_i，i=1，2，3）。CP_1 位于（$\bar{v}_{p53}$，P_0）=（0.9049，0.4858），具体见图 4-3（b），在此处 fold 分岔曲线 f_1^+ 和鞍结同宿分岔曲线 snic 相切；位于（1.4770，0.4057）的 CP_2 使两个 fold 分岔曲线 f_3 和 f_4 碰撞消失，具体见图 4-3（d）。在（0.2977，1.4）的 GH 分岔点，Hopf 分岔曲线 suph 和 $subh_2$ 相交并分岔出极限环的 fold 分岔曲线 lpc_2，具体见图 4-3（b）。分岔点 BT_1、BT_2 和 BT_3 分别位于（0.2183，1.31）、（19.17，0.15）和（1.595，0.355），具体见图 4-3（b）、（a）、（d），在这些点处，fold 分岔曲线和 Hopf 分岔曲线相切，并产生同宿分岔曲线。每个 BT 点（BT_i）将 fold 分岔曲线 f_i 分成 f_i^- 和 f_i^+ 两段，穿过 f_i^- 产生一个稳定和一个不稳定的平衡点，穿过 f_i^+ 产生两个不稳定的平衡点。

为了更详细地了解图 4-3 中的 14 个区域中动力学的变化，针对图 4-4 中每个区域的参数，分别给出稳态的值以及稳定极限环的最大值和最小值，见表 4-3。

总之，调控 PDCD5 的表达水平和 p53 的最大产生率，会使系统有五种稳定的动力学：一个稳定的稳态(区域Ⅰ、Ⅳ、Ⅸ和Ⅹ)，两个稳定的稳态（区域Ⅱ、Ⅴ和Ⅺ)，一个稳定的极限环（区域Ⅶ和Ⅻ)，一个稳定的稳态和一个稳定极限环共存的双稳态（区域Ⅲ、Ⅷ、XⅢ和XⅣ)，两个稳定的稳态和一个稳定极限环（区域Ⅵ)。为了更加清晰地看出余维-2 分岔图中动力学的变化，在图 4-3 中选择九个典型的 P_0，分别用 a 至 i 标记，针对每个 P_0，在下一节给出余维-1 分岔图。

表 4-3　稳态值和极限环的最大值和最小值

Region（parameter）	[p53]	$[Mdm2_{cyt}]$	$[Mdm2_{nuc}]$	$[Mdm2_{cyt}^{395P}]$	[ATM]	State
Ⅰ（$P_0=1.6$，$\bar{v}_{p53}=0.1$）	0.1407	0.0079	0.0071	0.0127	22.562	SSS
Ⅱ（$P_0=1.6$，$\bar{v}_{p53}=0.5$）	0.7118	0.0074	0.0082	0.0130	7.9767	SSS
	2.8546	0.0632	0.0705	0.0974	2.2948	SSS
Ⅲ（$P_0=1.4$，$\bar{v}_{p53}=0.25$）	0.3521	0.0071	0.0086	0.0128	19.9268	SSS
	2.8112	0.0550	0.0601	0.0830	2.3674	Max of SLC
	2.1047	0.0266	0.0330	0.0413	2.2974	Min of SLC
Ⅳ（$P_0=1.1$，$\bar{v}_{p53}=0.4$）	0.5656	0.0072	0.0101	0.0129	12.3367	SSS
Ⅴ（$P_0=1.1$，$\bar{v}_{p53}=0.56$）	0.8030	0.0076	0.0106	0.0134	6.2153	SSS
	2.6584	0.0515	0.0720	0.0793	2.3049	SSS

续表

Region（parameter）	[p53]	[$Mdm2_{cyt}$]	[$Mdm2_{nuc}$]	[$Mdm2_{cyt}^{395P}$]	[ATM]	State
Ⅵ（$P_0=1.1$，$\bar{v}_{p53}=0.62$）	0.8990	0.0079	0.0110	0.0137	4.9699	SSS
	2.7020	0.0540	0.0756	0.0833	2.3023	SSS
	4.1878	0.1210	0.1065	0.1649	2.5137	Max of SLC
	1.6842	0.0160	0.0232	0.0252	2.2728	Min of SLC
Ⅶ（$P_0=0.55$，$\bar{v}_{p53}=0.95$）	4.2199	0.1191	0.1269	0.1612	11.5979	Max of SLC
	0.5209	0.0078	0.0160	0.0137	2.2730	Min of SLC
Ⅷ（$P_0=0.55$，$\bar{v}_{p53}=1.3$）	2.7429	0.0575	0.1117	0.0885	2.3000	SSS
	5.3214	0.1666	0.1681	0.2221	7.1218	Max of SLC
	0.7161	0.0083	0.0185	0.0145	2.2689	Min of SLC
Ⅸ（$P_0=0.25$，$\bar{v}_{p53}=8$）	15.0891	0.3990	0.9842	0.6116	2.2642	SSS
Ⅹ（$P_0=0.25$，$\bar{v}_{p53}=6$）	11.3168	0.3928	0.9691	0.6022	2.2643	SSS
Ⅺ（$P_0=0.25$，$\bar{v}_{p53}=2$）	0.9857	0.0085	0.0209	0.0145	4.2161	SSS
	3.7561	0.1421	0.3506	0.2181	2.2744	SSS
Ⅻ（$P_0=0.39$，$\bar{v}_{p53}=1.538$）	4.6925	0.1407	0.1760	0.1926	13.9961	Max of SLC
	0.3991	0.0079	0.0197	0.0140	2.2708	Min of SLC
XⅢ（$P_0=0.39$，$\bar{v}_{p53}=1.543$）	2.7231	0.0566	0.1241	0.0872	2.3011	SSS
	4.7073	0.1414	0.1769	0.1935	13.7127	Max of SLC
	0.4116	0.0079	0.0198	0.0140	2.2707	Min of SLC
XⅣ（$P_0=0.39$，$\bar{v}_{p53}=1.552$）	2.7679	0.0595	0.1304	0.0916	2.2988	SSS
	4.7336	0.1425	0.1786	0.1951	12.8810	Max of SLC
	0.4481	0.0079	0.0199	0.0141	2.2706	Min of SLC

注：SSS 为稳定的稳态；SLC 为稳定的极限环；Max 为最大值；Min 为最小值。

图 4-3 表明，在 DNA 损伤且 PDCD5 的表达水平上调后（$P_0>0.3576$），随着 p53 产生率的增加，p53 会表现出低稳态、振

荡和持续的高稳态。然而 p53 的振荡对应 DNA 损伤后 DNA 修复和细胞凋亡的反应，这些反应对于决定细胞命运是非常重要的。

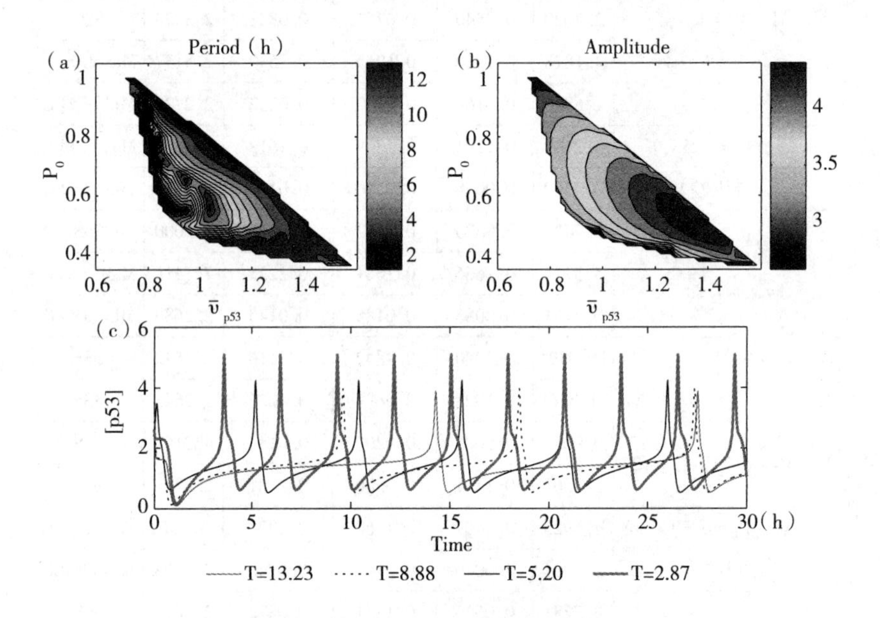

图 4-5　p53 振荡的周期与振幅

注：图 4-3 中 p53 振荡区域中的振荡周期（a）和振幅（b）；（c）不同周期的样本轨迹，参数值为 $P_0=0.55$，$\bar{v}_{p53}=1.22$（T=2.87），0.95（T=5.20），0.88（T=8.88），0.86（T=13.23）。

我们分析建议，只有当 PDCD5 的表达水平较高且 p53 的产生速率取得合适的值，即它们在区域Ⅶ和Ⅷ内变化时，p53 会产生振荡，进而细胞会对 DNA 的损伤做出正确的反应。进一步，针对图 4-3 中的区域Ⅶ和Ⅷ中的 p53 振荡，我们在图 4-5（a）和

(b) 中给出周期和振幅随参数的变化。结果表示，周期和振幅非线性依赖于 p53 的产生率 ($\bar{v}_{p53}$) 和 PDCD5 的水平 (P_0)。图 4-5 (c) 给出了几个典型周期的样本轨迹。我们注意到，($\bar{v}_{p53}$，P_0) 的不同值，周期从 2 小时变化到 10 小时，从而暗示了 DNA 损伤后细胞之间的差异性。我们的结果说明，正确地调控 PDCD5 的表达和 p53 的活动对产生 p53 的振荡是非常必要的，进而可以调控 DNA 损伤后细胞的正确反应。

然而当 PDCD5 的水平下调 ($P_0<0.3576$)，在一定的 p53 产生率下，系统会有低的稳定稳态、高的稳定稳态和双稳态，实验证明细胞频繁接受 p53 信号，则会导致衰老 (Purvis J. E.，Karhohs K. W.，Caroline M. et al.，2012)。

（四）余维-1 分岔分析

为了清晰地看出余维-2 分岔图 4-3 的变化，我们在图 4-6 中给出 p53 的浓度［p53］关于 p53 产生率 $\bar{v}_{p53}$ 的余维-1 分岔图。每幅图中的 P_0 值在图 4-3 中标记出来，分别是 $P_0=0.1$、0.25、0.39、0.4、0.45、0.55、1.1、1.4 和 1.6。相应的分岔情况介绍如下：

(1) PDCD5 的表达水平较低时，比如，$P_0=0.1$，见图 4-6 (a)，平衡点的分岔曲线呈现双稳态的 S 形，曲线包括两个稳定

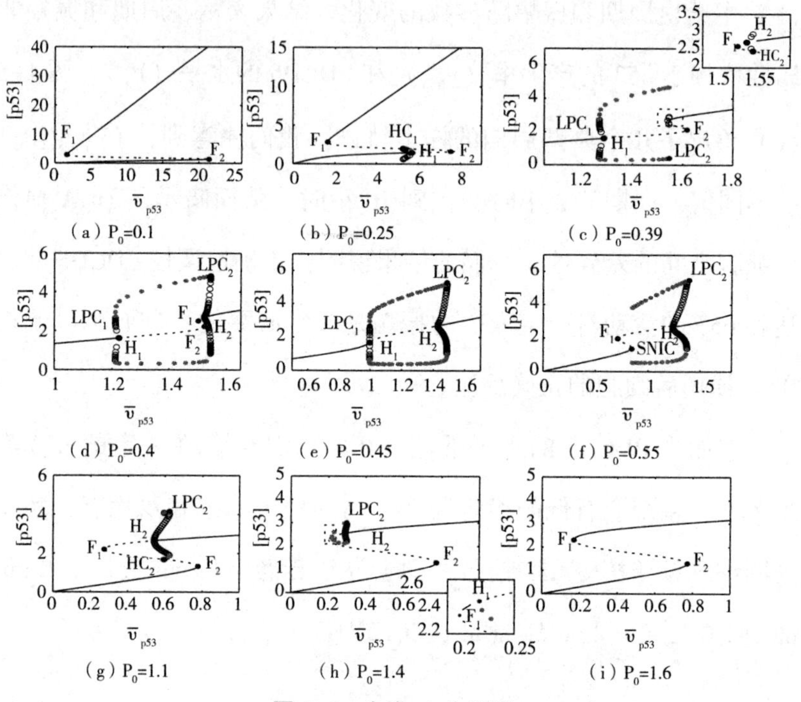

图 4-6 余维-1 分岔图

注：针对图 4-3 中标记（a）至（i）对应的 PDCD5 的水平，给出 p53 的浓度［P53］关于参数 $\bar{v}_{p53}$ 的余维-1 分岔图。在这些图中，实线和虚线分别表示稳定和不稳定的平衡点，实心点和空心圆分别表示稳定和不稳定极限环的最大值和最小值。余维-1 分岔点有 F_i-平衡点的 Fold 分岔点、H_i-Hopf 分岔点、LPC_i-极限环的 Fold 分岔点、HC_i-同宿分岔点和 SNIC-鞍结同宿分岔。

上支和下支(稳定的结点)和一个不稳定的中支(鞍点)，结点和鞍点之间通过 fold 分岔点 F_1（$\bar{v}_{p53}=1.655$）和 F_2（$\bar{v}_{p53}=21.41$）分开。

（2）当 P_0 增大时，比如，$P_0=0.25$，见图 4-6（b），在 S 形

分岔曲线的中支鞍点上出现了同宿分岔点 HC_1（$\bar{v}_{p53}=5.289$），产生一个不稳定的极限环，随着 $\bar{v}_{p53}$ 的增加，不稳定极限环碰到曲线下支的亚临界 Hopf 分岔点 H_1（$\bar{v}_{p53}=5.703$）而消失，此时稳定焦点失去稳定性，不稳定的焦点和鞍点在另一个 fold 分岔点 F_2 处（$\bar{v}_{p53}=7.534$）碰撞消失。

（3）P_0 进一步增大，比如 $P_0=0.39$，见图 4-6（c），fold 分岔点 F_1 大于亚临界 Hopf 分岔点 H_1，因此平衡点的双稳态区域消失。在 H_1 产生的不稳定极限环在极限环的 fold 分岔点 LPC_1 处变得稳定，稳定的极限环在另一个 fold 分岔点 LPC_2 处消失。对比 $P_0=0.25$ 的情况，fold 分岔点 F_1 处产生了鞍点（中间分支）和不稳定焦点（上支），具体见图 4-6（c）。不稳定焦点在亚临界 Hopf 分岔点 H_2 处变得稳定，同时产生一个不稳定极限环。不稳定极限环发展到鞍点上的同宿分岔点 HC_2 消失。此外，当 $\bar{v}_{p53}$ 在 H_2 和 LPC_2 之间变化时，稳定的焦点和稳定的极限环共存，对应图 4-3 中的区域XIV。

（4）P_0 继续增大，$P_0=0.4$，见图 4-6（d），F_1 与 F_2 越来越近，从 H_2 分岔出来的不稳定极限环没有与鞍点碰撞，而是在另一个极限环的 fold 分岔点 LPC_2 处消失。

（5）随着 P_0 增大，比如 $P_0=0.45$，见图 4-6（e），两个 fold 分岔点 F_1 和 F_2 由于余维-2 分岔点 cusp 点 CP_2，具体见图 4-3

(d)，碰撞消失。

(6) 增加 P_0，比如 $P_0=0.55$，见图 4-6 (f)，Hopf 分岔点 H_1 发展为 fold 分岔点 F_1 和鞍结同宿分岔点 SNIC，F_1 和 SNIC 是源于另一个 cusp 点 CP_1，具体见图 4-3 (b)。平衡点的分岔曲线恢复到 S 形状，上支不稳定的结点和中支不稳定的鞍点从 fold 分岔点 F_1 产生，下支稳定的结点与中间分支上的鞍点在 SNIC 点碰撞消失，同时产生一个稳定的极限环。

(7) 当 P_0 增加到高的表达水平时，比如 $P_0=1.1$，具体见图 4-6 (g)，亚临界 Hopf 分岔点 H_2 移到 SNIC 的左边，同时 SNIC 变成 fold 分岔点 F_2，在 H_2 和 F_2 之间有两个稳定的稳态。此外，一个稳定的极限环从位于 H_2 右边的同宿分岔点 HC_2 产生，消失在 LPC_2 处。因此，在 HC_2 和 LPC_2 之间有一个稳定的极限环和两个稳定的稳态。

(8) P_0 进一步增加到高水平，比如 $P_0=1.4$，具体见图 4-6 (h)，在 F_1 处出现了一个稳定的结点和鞍点，具体见图 4-6 (h) 插图。由于余维-2BT 分岔点 BT_1，具体见图 4-3 (b)，在 F_1 附近的上支曲线上出现了超临界 Hopf 分岔点 H_1，此处产生了振幅较小的稳定极限环，其消失在 LPC_2 处。

(9) 最后，当 PDCD5 达到非常高的水平时，比如 $P_0=1.6$，具体见图 4-6 (i)，由于余维-2 分岔点 GH，具体见图 4-3 (b)，

Hopf 分岔点 H_1 和 H_2 碰撞消失，分岔图恢复到典型的双稳态的 S 形，与 $P_0=0.1$ 类似。

以上的分岔分析给出了系统的全局动力学，全局动力学可以进一步由能量面验证，而且能量面可以进一步分析它们的稳定性。

（五）能量面和全局动力学

为了从能量面的角度讨论全局动力学，我们将能量函数投影到二维平面上，考虑了 p53 的浓度［p53］和全部的 Mdm2 浓度 $[Mdm2]=[Mdm2_{cyt}]+[Mdm2_{nuc}]+[Mdm2_{cyt}^{395P}]$。针对图 4-4 中 14 个典型区域中的参数，我们得到如图 4-7 所示的能量面。

从图 4-7 中可以看到，对于只有一个稳态的区域Ⅰ、Ⅳ、Ⅸ和Ⅹ，能量面呈漏斗形状，漏斗指向的全局最小值对应全局的稳定稳态。

然而在两个稳态的区域Ⅱ、Ⅴ和Ⅺ中，有两个漏斗形状的能量面，对应系统的两个稳态。对于 p53 的低稳态，能量面有宽的吸引域，且坡度变化比较缓和。然而对于 p53 的高稳态，能量面的吸引域较小，坡度较陡。这些结果表明，在随机的初始值下，细胞更容易达到低稳态。

针对 p53/Mdm2 振荡的区域Ⅵ、Ⅶ、Ⅷ、Ⅻ、ⅩⅢ和ⅩⅣ，能量面呈现出不规则和各项异性的闭环峡谷形状，闭环对应确定的

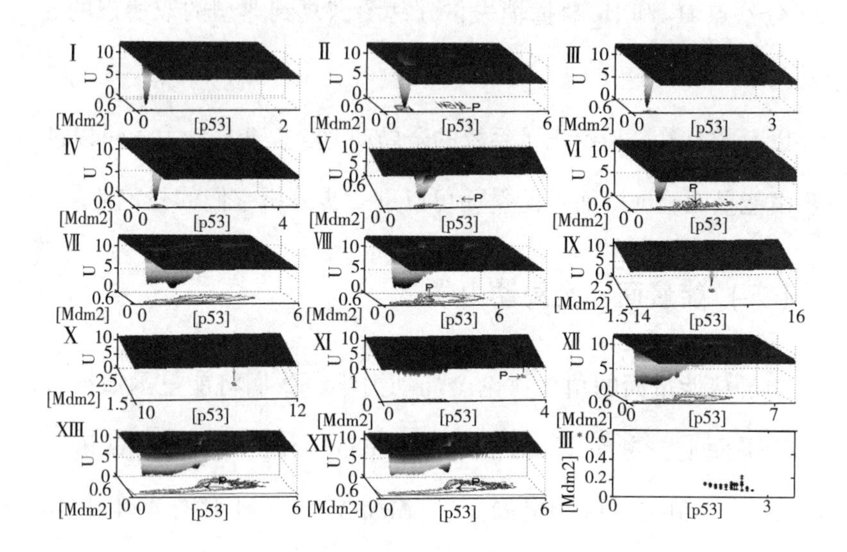

图 4-7　14 个区域的能量面

注：参数与相图 4-4 的一致。扩散矩阵为对角阵，对角线上的噪声强度为 $D=1\times10^{-6}$；Ⅲ * 是图 4-4Ⅲ中的吸引域。

极限环轨迹。显然，沿着极限环轨迹的能量面分布不均匀，这是由极限环上不同的运行速度导致的。此外，我们注意到区域Ⅵ、Ⅷ、XⅢ和XⅣ的能量面除了闭环状的峡谷外，还有漏斗形状的能量面，其指向稳定的稳态（见图 4-7 中的 P 和箭头指向）。最后，在区域Ⅲ中有一个小幅度的极限环，然而，在我们的模拟中未看到闭环的能量面，主要因为这个极限环的吸引域太小（吸引域见图 4-7Ⅲ*），因此 p53 振荡发生的概率比较低。

人们感兴趣的是 p53 的振荡区域，因为 p53 的振荡对 DNA 损伤后的细胞命运是非常必要的。为了进一步分析 p53 振荡的能量面，针对区域Ⅶ的振荡行为，我们计算了势能力（$-D\nabla U$）和概率流（$\mathbf{J}_{ss}/P_{ss}$）（见图 4-8）。从图 4-8 可以看到，能量面有个局部最小值｛（［p53］，［Mdm2］）=（1.1，0.05）｝，而且沿着极限环的能量值是不规则的。最小势能处的旋转流力较小，势能力较大。当［p53］或者［Mdm2］较大时，能量较高，旋转流力较大，势能力较小。此外，我们注意到，势能力主要垂直于极限环的路径，而旋转力主要平行于这个极限环。这些结果说明，势能力倾向于将系统吸引到振荡轨迹，而旋转力使系统沿着极限环运动。在全局最小值的低势能和其他位置的高势能说明极限环上的脉冲动力学，系统更多的时间保持在全局最小值附近，通过其他部分的速度较快。这些脉冲动力学的结果与 Zhang X. P.（2009）和 Zhuge C. J.（2016）的结果是一致的。

（六）PDCD5 调控效率对系统的影响

PDCD5 破坏 $Mdm2_{nuc}$ 对 p53 的降解作用，进而促进 p53 信号通路中 p53 的稳定性。在我们的模型中，p53 的降解速率是以希尔函数的形式给出，PDCD5 对 p53 的稳定性作用体现在有效浓度的最大值（EC50）上，也以希尔函数的形式给出。在这个函数中，PDCD5 的效率体现在系数 α_1 上，它的值越大说明效率越高。

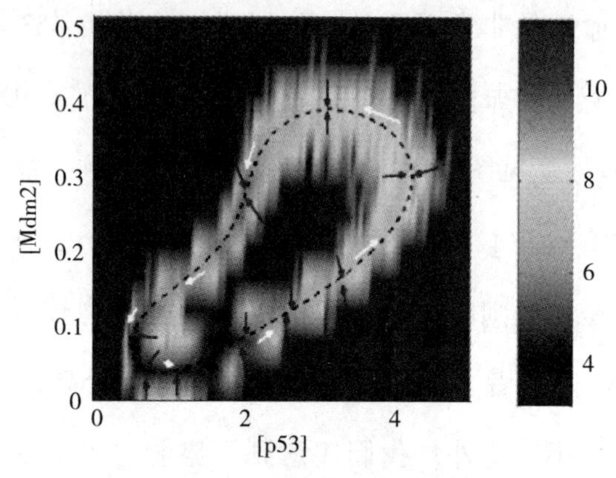

图 4-8　能量面的投影

注：其上的深色箭头表示势能力（$-D\frac{\partial}{\partial X}U$），浅色箭头表示流力（$J_{ss}/P_{ss}$），虚线是确定的振荡轨迹；参数 $P_0=0.55$，$\bar{v}_{p53}=0.95$，噪声强度 $D=1\times10^{-6}$；彩色条表示势能值。

为了调查 PDCD5 调控效率对系统的影响，我们取定（$\bar{v}_{p53}$，P_0）=（0.55，0.95），使 α_1 从 0 变到 6 来探讨它对系统动力学的影响。

图 4-9（a）描述了 p53 浓度关于调控效率 α_1 的分岔图。对于小的 α_1，系统只有一个稳态，随着 α_1 的增加，出现了超临界 Hopf 分岔点 H（$\alpha_1=2.501$），此时稳态失稳，同时出现了稳定的极限环进而产生了 p53 的振荡。振荡的幅度对 α_1 不敏感，而周期从分岔点处迅速减小，具体见图 4-9（b），随着 α_1 远离分岔点，周期保持在 4.9 小时附近，具体见图 4-9（b）。

进一步，利用能量面上的势垒高度，我们讨论了调控效率 α_1

对 p53 振荡的稳定性，势垒高度 BH 定义为 $BH=U_{max}-U_{min}$，其中 U_{max}是极限环里面势能的最大值，U_{min}是沿着极限环的势能最小值，势垒越高稳定性越强。图 4-9（c）说明了势垒高度和 α_1 的关系。在我们的模拟中，势垒高度在分岔点 H 处增加到 9.325，然后减小到 8.0 附近，对于较大的 α_1 极限环的稳定性变弱。

最后，我们考虑了 α_1 对系统能量耗散的影响，能量耗散用来测量非平衡系统的不可逆性。能量耗散率为 h_d，$h_d = \int \mathbf{F}(\mathbf{X}) \cdot \mathbf{J}(\mathbf{X}, t)d\mathbf{X}$，其中，**F** 为驱动力，**J** 为概率流向量。根据 Qian H.（2006）文献，系统达到稳态时，能量耗散率等于熵产生率。因此，能量耗散可以被用来获得非平衡系统的全局物理性质。图 4-9（d）说明了耗散与 α_1 的关系。当 α_1 小于 Hopf 分岔点时，耗散率较小（$\sim 1\times10^{-7}$）；当 α_1 增加超过 Hopf 分岔点时（$\alpha_1>2.501$），能量耗散率跳到一个较大的值（3×10^{-7}）。我们注意到，在系统只有一个稳定的稳态时，耗散率（熵产生率）是非零的，这说明由于熵产生的影响，系统在稳态时，也没有达到细致平衡。这些情况可以通过 p53 的样本轨迹说明，图 4-9（e）给出了几个典型 α_1 的 p53 样本轨迹，可以看出，能量耗散较大对应着大幅的振荡。

总之，这些结果证明，随着 PDCD5 效率的增加，出现了超临界 Hopf 分岔，系统从单稳态切换到稳定极限环的振荡。当

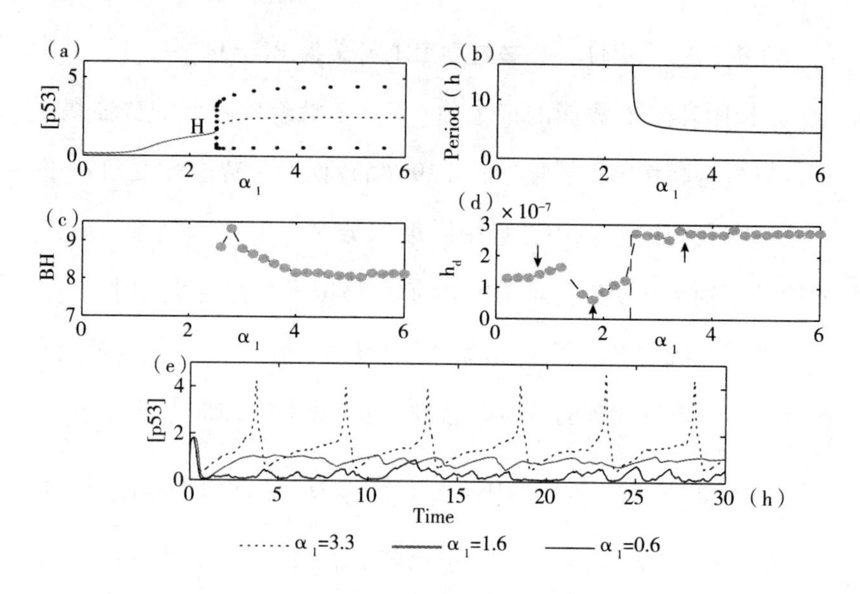

图 4-9 PDCD5 调控效率 α_1 的影响

注：(a) 关于 α_1 的分岔图。其中 H 是 Hopf 分岔点，实线表示稳定的稳态，虚线表示不稳定的稳态，实心点是稳定极限环的最大值和最小值；(b) 稳定极限环的周期；(c) 稳定极限环的势垒高度（BH）；(d) 能量耗散 h_d；(e) 不同 α_1 的样本轨迹；α_1 的值在 (d) 中由箭头标记，参数 $P_0=0.55$，$\bar{v}_{p53}=0.95$，噪声强度 $D=1\times10^{-6}$。

PDCD5 调控效率在分岔点附近的转折区域时，振荡的周期迅速减小到恒定的水平，而势垒高度和熵产生率却迅速增加。然而，当 PDCD5 的效率增加超过转折区域时，振荡动力学对 PDCD5 的调控效率不敏感。

本章小结

当细胞面临各种压力时，肿瘤抑制子 p53 的动力学在调控细胞命运中起到很重要的作用。PDCD5 作为 p53 的共同激活子，在 p53 的信号通路中调控 p53。在 p53 的信号通路中，p53-Mdm2 振子模块对 DNA 损伤后的细胞反应是至关重要的。在本部分，利用分岔分析和能量面，本章系统地研究了 PDCD5 对 p53-Mdm2 模块的影响。本章的结果显示，当 PDCD5 的表达水平较低时，p53-Mdm2 模块具有单稳态和双稳态，而由于 DNA 的损伤导致 PDCD5 的表达水平上调时，通过 Hopf 分岔，出现了 p53 的振荡。此外，在适当的 PDCD5 水平和 p53 的合成速率下，系统也会出现 p53 振荡和稳定的稳态。这些结果通过能量面进一步得到验证。本章也调查了 PDCD5 的效率作用到 p53 信号通路的效果。本章的结果显示，p53 的振荡通过 Hopf 分岔产生，当超过 Hopf 分岔值，p53 一直处于振荡状态。而且，可以看到，当 PDCD5 的效率在分岔点附近的时候，势垒高度和能量耗散具有转折的性质。本章的研究，进一步理解了 PDCD5 调控 DNA 损伤后的细胞命运的分子机制。在 DNA 损伤后，具有 p53 脉冲的细胞经常进行 DNA 修复或者启动凋亡，然而，具有持续 p53 信号的细胞经常与衰老有关。本章的结果说明，PDCD5 调控 p53 的动力学进而调控细胞命运，而这些效果与 PDCD5 的表达水平有关。同时，由于 p53 和 PDCD5 表达水平的不同，细胞之间有一定的差异性，这些结果对于用重组人工 PDCD5 来治疗癌症是非常重要的。

在研究中，本章集中处理了 PDCD5 调控的 p53-Mdm2 模块中 p53 动力学。本章的研究结果揭示了 p53 的动力学与 PDCD5 的水平和 p53 的产生率有关。然而，更复杂的 p53 的信号通路对理解 DNA 损伤后的细胞命运是非常必要的。在接下来的工作中，笔者会考虑 PDCD5 对更完整的 p53 网络的影响。

第五章

基于能量面的噪声引起的双稳态切换的动力学

一、生物背景

细胞在不同的信号刺激下，可以在两个离散的状态间进行切换。这种切换行为是细胞的一个重要特征，在许多重要的生物过程中起到作用，如细胞分化和细胞周期过程等。然而，这种切换机制的前提是两个稳定的稳态共存，因此，了解双稳态是如何建立和调控是非常重要的。

双稳态切换的一个关键调控模块是正反馈回路，然而，许多耦合的正反馈回路经常出现在一些系统中，如 Abrieu A.（2001）研究调控非洲蟾蜍卵细胞成熟，Lewis R. S.（2001）研究哺乳动物中的钙信号传输，Liu R. Y.（2008）研究突触连接中长时程增强作用的产生和维持，Byrne J. H.（2009）研究在无脊椎动物和海兔中的突触的 LTF 长时程易化作用。Onn B.（2005）等研究一个从实际生物环路中抽象出来的基因模型，Zhang X. P.（2007）

和 Paul S.（2012）在考虑通过加强正反馈回路来使生物获得最优表达。直到现在，这个基因模型没有考虑两个分子之间的相互作用，而这种作用是普遍存在的。

在本章，基于张小鹏等（2007）提出的耦合正反馈回路，我们增加了两个分子间的正反馈。基于生物系统中单参数的控制是普遍存在的，而且单参数噪声对系统的影响经常大于其他噪声源。因此，针对两个分子的正反馈强度，我们引进了随机波动，并且调查噪声引起的双稳态切换动力学。同时，利用转换比例，我们考虑了反馈强度和噪声强度引起的两个稳定的稳态间的随机切换的种群动力学。进一步，针对双稳态区间内的两个稳定稳态，利用能量面验证了它们的稳定性。

本章的主要工作：建立了一个新的耦合反馈回路，针对相应的确定模型，做了分岔分析来获得双稳态区域；然后，讨论了噪声引起的双稳态切换，以及反馈强度和噪声强度引起的种群动力学；进一步，两个稳定稳态的稳定性分析通过能量面获得。

二、模型引入

在一定条件下，一个正反馈回路可以引起双稳态的切换。然而，许多生物系统不只包括一个正反馈回路，而是由许多耦合的正反馈回路构成的。在 Zhang X. P.（2007）提出的通用耦合正反馈模型中，外部刺激 S 促进物种 A 和 B 的产生，A 和 B 合作促进产物 C 的产生，产物 C 反过来分别以快、慢回路的形式促进物种 A 和 B 的产生。这个模型从许多实际的生物环路中抽象出来，两个分子间的相互作用是普遍的。然而，两个分子 A、B 之间的正反馈回路没有在此模型中考虑。基于以上考虑，在原来的模型上，我们增加了分子 A 和分子 B 之间的正反馈回路，以此构建了一个新的耦合的正反馈回路，如图 5-1 所示。

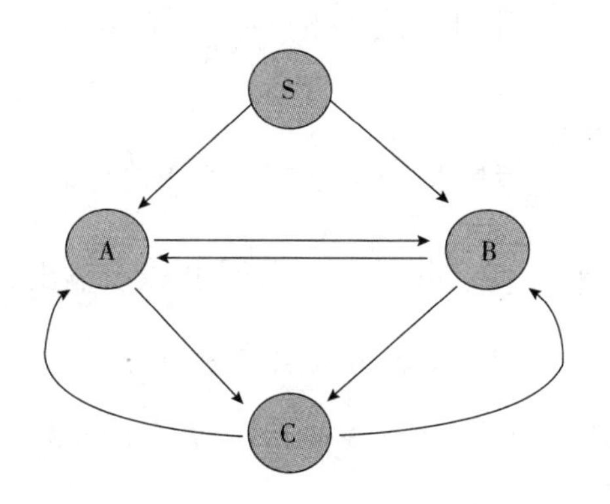

图 5-1　新的耦合正反馈回路

注：增加了 A 和 B 之间的正反馈。其中 S 是刺激强度，C 是产物。箭头表示激活作用。

在新的耦合正反馈回路中，单参数的噪声可以在速率方程中的速率参数增加加性和乘性噪声来体现。本书在分子 A 和分子 B 之间的正反馈强度加入随机波动，即 $k_3+\xi(t)$，其中高斯白噪声

$\xi(t)$满足下面的统计性质，$<\xi(t)>=0$ 和$<\xi(t)\xi(t')>=2D\delta(t-t')$，其中 D 是噪声强度。因此，耦合双时间的随机模型如下：

$$\tau_a \frac{da}{dt}=(k_1 s+k_2 \frac{c^n}{c^n+K^n}+k_3 \frac{b^m}{b^m+K^m})(1-a)-a+k_{min}+(1-a)\frac{b^m}{b^m+K^m}\xi(t) \tag{5.1}$$

$$\tau_b \frac{db}{dt}=(k_1 s+k_2 \frac{c^n}{c^n+K^n}+k_3 \frac{a^m}{a^m+K^m})(1-b)-b+k_{min}+(1-b)\frac{a^m}{a^m+K^m}\xi(t) \tag{5.2}$$

$$\frac{dc}{dt}=k_{on}(a+b)(1-c)-k_{off}c+k_{minout} \tag{5.3}$$

其中 a、b 和 c 表示分子 A 和分子 B 以及输出物种 C 的浓度，s 表示刺激强度。k_1 和 k_2 表示刺激物 S 对分子 A 和分子 B 的反馈强度，k_3 是分子 A 和分子 B 之间反馈强度的确定部分。$\tau_a=2s$ 和 $\tau_b=100s$ 表示时间常数，刻画快和慢反馈回路。基本速率常数 $k_{min}=0.01\mu M$ 和 $k_{minout}=0.003\mu Ms^{-1}$。分子 A 和分子 B 的结合速率常数 $k_{on}=1\mu M^{-1}s^{-1}$，降解速率常数为 $k_{off}=0.3s^{-1}$。其他标准参数值为 $k_1=0.1$、$k_2=0.3$、$K=0.5\mu M$ 和 $n=4$，以上这些参数的取值均可见于 Zhang X. P. （2007） 的文献，而在本书中，取 $m=2$ 可以使模型具有双稳态。

三、研究结果

（一）余维-2和余维-1分岔确定的双稳态区域

我们尽量选择合适的反馈强度 k_3 和刺激强度 s，使新的耦合回路模型具有双稳态。

首先，取刺激强度 s = 0.08，给出了反馈强度 k_3 和输出物 C 的浓度 c 的余维-1分岔图，如图5-2（a）所示。从图5-2中可以看到，两个 fold 分岔点 LP_1 和 LP_2 将分岔曲线的上支、下支的稳定结点（实线）和中间分支的不稳定鞍点（虚线）分开，整个分岔曲线呈现典型的S形，分岔点之间是双稳态。

其次，为了更加定量和全面地确定稳态的情况，我们做了关于刺激强度和反馈强度 k_3 的余维-2分岔图，图5-2（b）给出了（k_3，s）参数的分岔图。两个由 fold 分岔点构成的曲线 f_1 和 f_2 从余维-2Cusp分岔点（CP）分岔出来。它们把整个参数平面分成单稳态区域（R_1）和双稳态区域（R_2）。双稳态区域 R_2 被限制在曲线 f_1 和 f_2 之间，随着刺激强度 s 的减小，区域 R_2 变得越来越宽。而且，LP_1 和 LP_2 之间的点线描述的是图5-2（a）中关于 k_3 的双稳态区间。

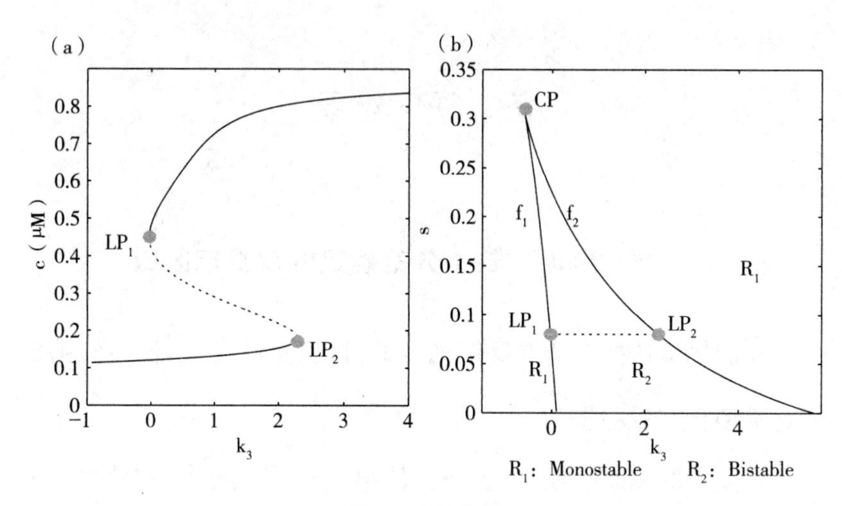

图 5-2 分岔图

注：(a) 产物 C 的浓度 c 关于反馈强度 k_3 的余维-1 分岔图，s=0.08，其中实线和点线分别表示稳定和不稳定的稳态，LP_1 和 LP_2 表示 fold 分岔点，它们之间是双稳态区域。(b) 产物 C 的浓度 c 关于参数 k_3 和 s 的余维-2 分岔图。从余维-2Cusp 分岔点（CP）出来的两条 fold 曲线将参数平面分成单稳态区域（R_1）和双稳态区域（R_2）。

最后，我们会利用这个区间来调查噪声引起的双稳态切换动力学。

(二) 反馈强度引起的双稳态切换动力学

针对余维-1 分岔图 5-2（a）中的双稳态区间，我们考虑了反馈强度 k_3 和噪声强度 D 引起的随机切换动力学。利用一阶算法来模拟随机微分方程。

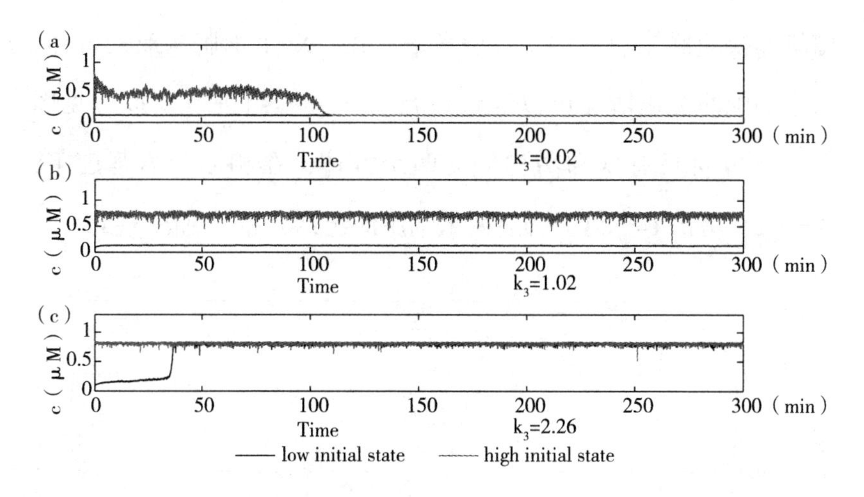

图 5-3　物种 C 的浓度 c 的时间历程图

注：在相同的噪声强度下，D=1.2，不同的反馈强度，(a) $k_3=0.02$，(b) $k_3=1.02$，(c) $k_3=2.26$，红线和黑线分别对应低和高的初始值。

在相同的噪声强度下，D=1.2，针对分岔图 5-2（a）中 LP_1 和 LP_2 之间的不同反馈强度，在低和高的初始值下，给出了输出物 C 的浓度 c 的时间历程图，见图 5-3。从图 5-3 中可以看出，对于小的 k_3，具体见图 5-3（a），在低和高的初始值下，浓度 c 都会到达低稳态，但是，对于大的 k_3，具体见图 5-3（c），在任意的初始值下，系统都会达到高稳态。然而，对于中间的反馈强度，浓度 c 最后达到的稳态与它的初始值对应见图 5-3（b）。

不同的细胞之间会有一定的差异性，因此需要考虑两个稳态随机切换的群体动力学。我们考虑了由 500 个细胞构成的群体，每个细胞的变化情况可以通过运行一次方程组进行模拟（见图 5-3）。针对具有低和高初值的两个群体，在相同噪声强度下，D=1.2，考虑 t=300 分钟后两组细胞的统计分布，见图 5-4。

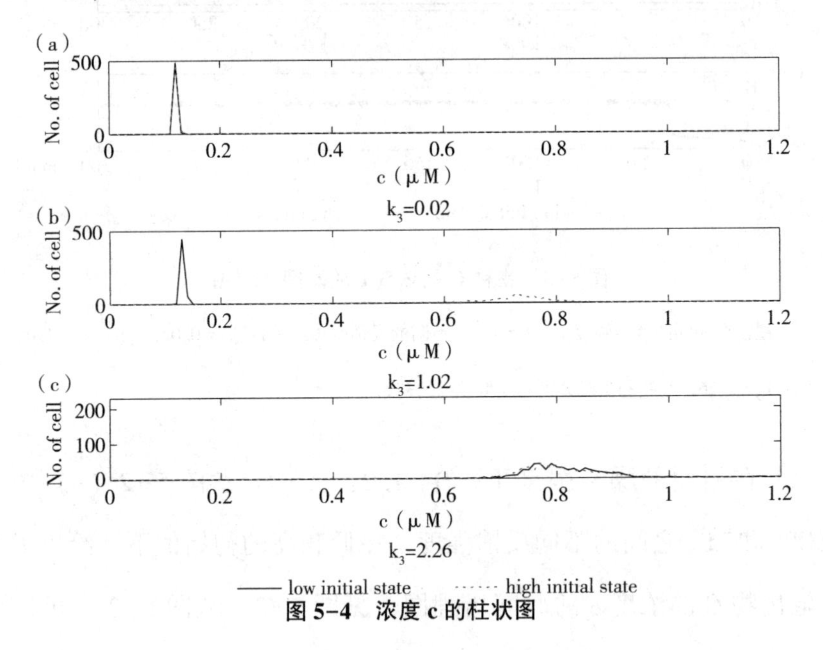

图 5-4　浓度 c 的柱状图

注：在相同噪声强度下，不同反馈强度（a）$k_3=0.02$，（b）$k_3=1.02$，（c）$k_3=2.26$。

从图 5-4 中可以看到，在小的反馈强度下，两组细胞都集中在低稳态附近，如图 5-4（a）所示；对于大的反馈强度，两组细胞都集中在高稳态附近，如图 5-4（c）所示。然而对于中间的反馈强度，具有低初始值的细胞都集中在低稳态附近；具有高初始值的细胞都集中在高稳态附近，如图 5-4（b）所示。这意味着，在一定噪声强度下，对于中间的反馈强度，双稳态依然存在。然而，对于双稳态区间两边的反馈强度，小的反馈强度会使系统从高稳态切换到低稳态，而大的反馈强度会使系统从低稳态切换到高稳态。接下来，针对双稳态区间右边的值，考虑了从低稳态到高稳态的转换情况。与之类似，针对双稳态区间左边的值，也可以考虑从高稳态到低稳态的转换。我们利用转换比例 F_t 来研究反馈强度 k_3 和噪声强度 D 对双稳态切换的影响，转换比例 F_t 是切换状态的细胞数目与总的细胞数目的比值。

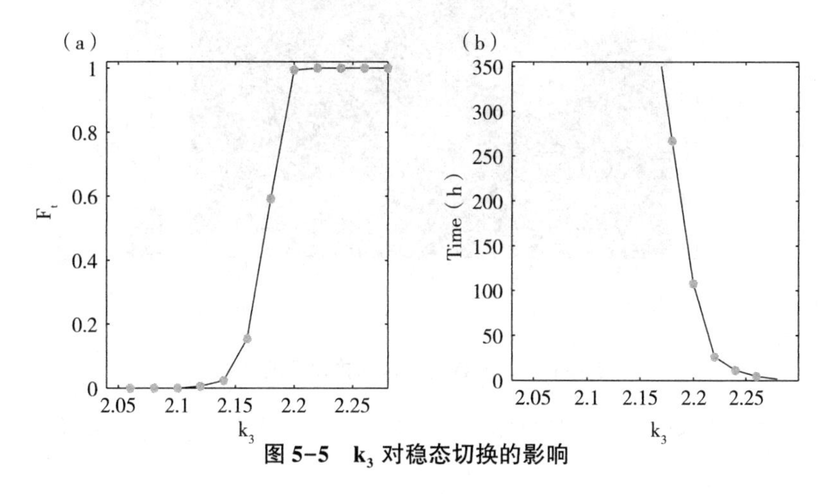

图 5-5　k_3 对稳态切换的影响

注：(a) t = 100 小时，从低稳态到高稳态的切换比例 F_t。(b) D = 1.2 时，F_t = 1 的时间。

图 5-5（a）描述的是，对于相同初值的细胞群体，在 t = 100 小时后，F_t 随着反馈强度 k_3 的变化。随着 k_3 的增加，F_t 逐渐从 0 增加到 1。对于小的反馈强度，F_t 几乎为 0，低稳态很难切换到高

稳态，当 F_t 在 0 和 1 之间变化时，一些细胞可以切换到高稳态，对于大的反馈强度，$F_t=1$，所有细胞都切换到高稳态。图 5-5（b）描述了 $F_t=1$ 的时间，可以看出，k_3 越大则时间越短。

此外，噪声强度会影响到从低稳态到高稳态的切换，因此，利用灰度图的形式，给出了反馈强度 k_3 和噪声强度 D 对切换比例 F_t 的影响，见图 5-6。从图中可以看到，较大的噪声强度 D 和反馈强度 k_3 会使切换比例增大；反之，切换比例较小。

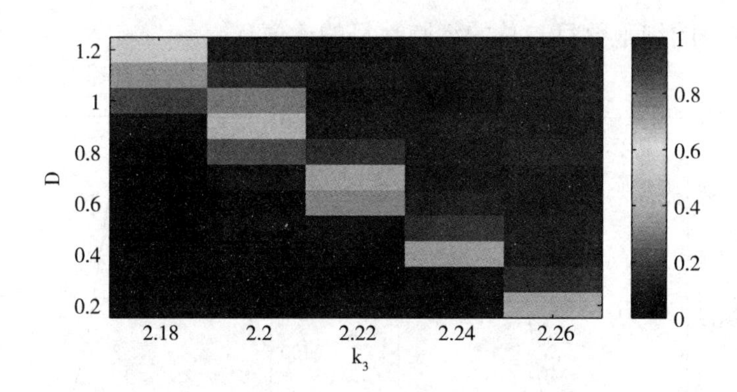

图 5-6　k_3 和 D 对稳态切换比例的影响

注：不同反馈强度 k_3 和噪声强度 D，t=100 小时后，从低稳态到高稳态的切换比例 F_t。

（三）基于能量面的两个稳态的稳定性分析

能量面可以描述稳态的稳定性，进而解释两个稳态切换的原因。能量面由 $U=-\ln(P_{ss})$ 给出，其中 P_{ss} 是所有状态达到稳态时的概率。在这个模型中，能量面 U 是关于浓度 a、b 和 c 的，很难

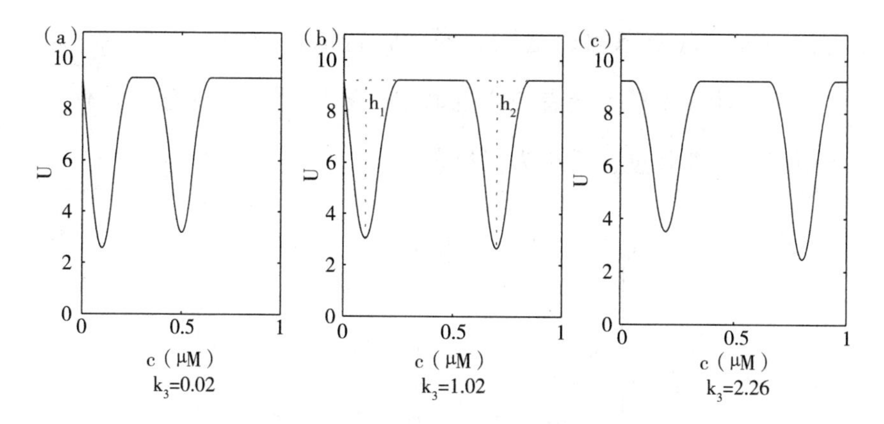

图 5-7　不同反馈强度下的能量面

注：(a) $k_3=0.02$，(b) $k_3=1.02$，(c) $k_3=2.26$，其中势垒高度 h_1 和 h_2 分别刻画低稳态和高稳态的稳定性。

可视化，因此，我们给出关于产物浓度 c 的能量面。同时利用势垒高度 h 来确定稳态的稳定性，小的势垒高度对应低的稳定性，大的势垒高度对应高的稳定性。图 5-7 描述了三个不同反馈强度下系统的能量面，势垒高度 h_1 和 h_2 分别是两个稳态间势能的最大值与低稳态势能值、高稳态势能值的差。可以看到，对于小的反馈强度 k_3，h_1 大于 h_2，具体见图 5-7（a）；对于中间的 k_3，h_1 和 h_2 越来越近，具体见图 5-7（b）；对于大的反馈强度 k_3，h_1 小于 h_2，具体见图 5-7（c）。更多势垒高度的变化通过图 5-8 给出，可以看到，随着反馈强度 k_3 增加，h_1 逐渐减小，而 h_2 逐渐增加，在这两条曲线的交点处，它们相等。因此，随着反馈强度

k_3的增加，低稳态的稳定性变弱，而高稳态的稳定性加强。总之，当反馈强度较大或者较小的时候，系统都是单稳态，只有对于中间的反馈强度，系统为双稳态。

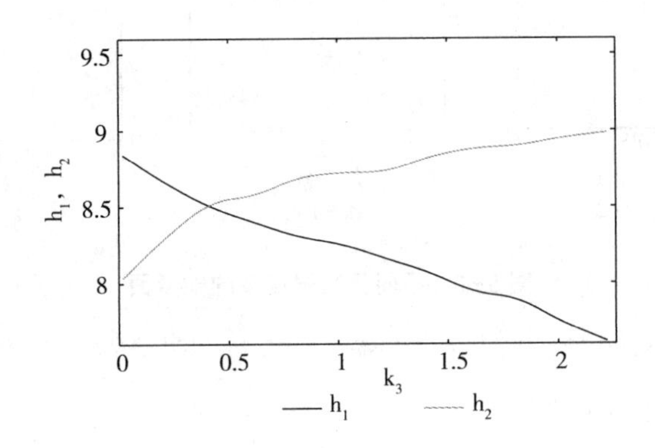

图 5-8　势垒高度 h_1 和 h_2 与反馈强度 k_3 的关系

本章小结

双稳态可以将连续的刺激转换为不连续的状态切换，即可以在两个离散的状态间切换。生物系统中的耦合的正反馈回路是产生双稳态切换的核心调控元素。基于物种 A 和物种 B 间相互作用的普遍性，我们在一个常用的耦合正反馈回路中增加了物种 A 和物种 B 间的正反馈回路。当讨论单参数对系统的影响时，参数噪声也是很重要的因素。因此，我们考虑了物种 A 和物种 B 之间的反馈强度的随机波动，针对确定模型中反馈强度 k_3 的双稳态区间，考虑了噪声引起的切换动力学。在适当的反馈强度和噪声强度下，双稳态保持，对于较大和较小的反馈强度和噪声强度，稳态可能切换。通过能量面，调查了两个稳态的稳定性，解释了稳态的切换行为。

生物分子网络负责许多生物功能。对一些较大和较复杂的生物网络很难作为整体进行研究，因此我们将其分解为许多小的模块进行研究。耦合正反馈回路在自然界中普遍存在，环境噪声和生物反应的随机本质在生物系统中是不可避免的。因此，本书中噪声引起的随机切换可能对理解更复杂的生物网络起到一定的帮助。

|第 ❻ 章|

结论和展望

一、本书总结

基因调控系统中的每一个元素可以控制细胞的一切生理活动，比如，控制细胞凋亡和细胞周期等。因此，理解基因调控系统中关键元素的功能，对于揭示细胞生命过程有重要意义，而且可以为治疗疾病提供新的思路。基因调控系统中不可避免的噪声对系统有重要的影响。而且，不断地与外界交换信息的基因调控系统是非平衡系统，因此，可以从非平衡系统的观点了解系统的全局性质。

本书利用分岔和能量面的方法，对三个基因调控系统的全局动力学和稳定性进行研究。在第三部分，针对 PDCD5 调控的 p53-Mdm2 调控系统，分别讨论了 Mdm2 的生产和降解速率对系统动力学和稳定性的影响。在第四部分，基于第三部分的模型，增加考虑了变化的 ATM 水平和在 Ser-395 位点磷酸化的 Mdm2，扩充了原来的模型，考虑了PDCD5的表达水平和p53的产生率对p53动力学的影响。最后，针对一个耦合正反馈回路，考虑了噪声引起双稳态的切换，并用能量面解释切换的原理。

在第三部分，针对PDCD5调控的p53-Mdm2模型，讨论了Mdm2生成和降解速率对动力学的影响。考虑Mdm2生成速率时，通过分岔分析可以看到，速率较小时，系统达到低稳态，速率增加会出现振荡和振荡与单稳态共存的双稳态，较大的速率使系统达到高稳态。从能量面看到，系统在p53和Mdm2的低表达处稳定性较高。此外，考虑随机因素，可以看到较大的噪声强度使能量面扩散，能量面的势垒变低，振荡的周期变得分散。因此，较大的噪声强度使系统的稳定性降低。其次，考虑了Mdm2降解速率对p53动力学和稳定性的影响。Mdm2降解速率较小时，系统会有双稳态，随着速率增加，出现振荡，在大的速率下，达到高稳态。从能量面看，在p53振荡时，p53和Mdm2的低表达处稳定性较强；单稳态和振荡共存时，单稳态的稳定性随着Mdm2降解速率的增加而增加。对于p53振荡的非平衡系统，势能的负梯度力和概率流是两个重要的因素，它们分别把系统吸引到极限环上，并使其沿着极限环运动。另外，沿着极限环的概率流的平均流速越大，会使振荡周期变小。在速率常数的敏感性分析中，可以看到，能量面的势垒高度对参数变化不敏感，而热力学的熵产生率却敏感于参数的变化，即速率常数的变化使系统的热耗散发生较大变化。最后，单细胞水平上只出现了 p53 的振荡，但是在多细胞水平上增加了单稳态，说明了群体细胞中会有不同的动力学。

在第四部分，增加考虑了 Mdm2 在 ser-395 位点的磷酸化和变化的 ATM 表达水平，扩充了 PDCD5 调控的 p53-Mdm2 振子模型，针对这个模型，我们探讨了在 DNA 损伤后，p53 的产生率和 PDCD5 的水平如何调控 p53 的动力学。结果显示，在低的 PDCD5 水平下，系统会出现单稳态和双稳态，而在 DNA 损伤后 PDCD5 水平上调后，p53 会出现单稳态、振荡、单稳态和振荡共存的双稳态，以及高稳态，甚至在一定范围内会出现两个稳态和振荡共存的状态。对这些状态的稳定性通过能量面进行了研究。针对振荡的非平衡系统，进一步验证了势能将系统吸引到振荡路径，而概率流驱使系统沿着振荡路径运动。此外，PDCD5 的效率对 p53 动力学研究发现，在小的 PDCD5 效率下，p53 处于单稳态，随着效率的增加，p53 出现振荡。而且，在分岔点附近，能量耗散和势垒高度、振荡周期等变化较大，直到远离分岔点后，系统对效率变化不敏感。

在第五部分，针对一个新的耦合正反馈回路，探讨了反馈强度和噪声强度对系统双稳态切换机制的影响。结果显示，在一定的反馈强度下，系统会有双稳态。在反馈强度确定的情况下，噪声强度增大会出现稳态切换，而在一定噪声强度下，较大和较小的反馈强度也会使稳态切换。能量面解释了切换机制，在一定刺激下，势垒高度较大的稳态会切换到势垒高度较小的稳态。

二、研究展望

目前，基因调控系统的随机动力学以及非平衡系统的研究越来越受到重视，本书的研究还有待于进一步的深化。

第一，本书考虑的模型是 PDCD5 调控 p53-Mdm2 振子模型，有必要进一步考虑 PDCD5 对整个 p53 信号通路的调控，根据实验结果建立合理的模型，考虑 PDCD5 的水平和相关的速率常数对 p53 动力学的影响。

第二，肿瘤抑制子 p53 对治疗肿瘤起到重要作用，会继续跟踪与 p53 相关的实验结果，探讨癌症产生的机理。

第三，非平衡系统更接近实际情况，因此，会重点探讨非平衡系统的理论，并将其应用到基因调控系统和神经系统的研究中。

第四，能量面是刻画非平衡系统的重要特征，本书讨论的是速率常数对能量面的影响，其他因素比如内噪声、空间和时滞等都会影响到系统的能量面，也是值得研究的问题。

参考文献

[1] Abrieu A., Dorée M., Fisher D. The interplay between cyclin-B-Cdc2 kinase (MPF) and MAP kinase during maturation of oocytes[J]. Journal of Cell Science, 2001, 114 (Pt 2): 257-267.

[2] Alves F., Rui D. A simple framework to describe the regulation of gene expression in prokaryotes [J]. Comptes rendus-Biologies, 2005, 328 (5): 429-444.

[3] Bakkenist C. J., Kastan M. B. DNA damage activates ATM through intermolecular autophosphorylation and dimer dissociation [J]. Nature, 2003, 421 (6922): 499-506.

[4] Bar-Or R. L., Maya R., Segel L. A., et al. Generation of oscillations by the p53-mdm2 feedback loop: a theoretical and experimental study[J]. Proceedings of the National Academy of Sciences, 2000, 97 (21): 11250-11255.

[5] Batchelor E., Mock C. S., Bhan I., et al. Recurrent Initiation: A mechanism for triggering p53 pulses in response to DNA dam-

age [J]. Molecular Cell, 2008, 30 (3): 277-289.

[6] Bond G. L., Hu W. W., Bond E. E., et al. A single nucleotide polymorphism in the MDM2, promoter attenuates the p53 tumor suppressor pathway and accelerates tumor formation in humans [J]. Cell, 2004, 119 (5): 591-602.

[7] Bonneau R., Reiss D. J., Shannon P., et al. The inferelator: an algorithm for learning parsimonious regulatory networks from systems-biology data sets de novo [J]. Genome Biology, 2006, 7 (5): 1-16.

[8] Booth I. R. Stress and the single cell: intrapopulation diversity is a mechanism to ensure survival upon exposure to stress [J]. International Journal of Food Microbiology, 2002, 78(1-2): 19-30.

[9] Byrne J. H., Heidelberger R., Waxham M. N. From molecules to networks. An introduction to cellular and molecular neuroscience. With CD-ROM [M]. Elsevier Academic Press, 2009.

[10] Chen B. S., Chen P. W. Robust engineered circuit design principles for stochastic biochemical networks with parameter uncertainties and Disturbances [J]. IEEE transactions on biomedical circuits and systems, 2008, 2 (2): 114-132.

[11] Chen L., Agrawal S., Zhou W., et al. Synergistic activ-

ation of p53 by inhibition of Mdm2 expression and DNA damage [J]. Proceedings of the National Academy of Sciences of the United States of America, 1998, 95 (1): 195-200.

[12] Chen L. N., Wang Y., Ma D. L., et al. Short interfering RNA againstthe PDCD5 attenuates cell apoptosis and caspase - 3 activity induced by Bax overexpression [J]. Apoptosis, 2006, 11 (1): 101-111.

[13] Chen T., He H. L., Church G. M. Modeling gene expression with differential equations [J]. Pacific Symposium of Biocomputing, 1999 (7): 29-40.

[14] Chen Y., Sun R., Han W., et al. Nuclear translocation of PDCD5 (TFAR19): an early signal for apoptosis? [J]. Febs Letters, 2002, 509 (2): 191-196.

[15] Cinquin O., Demongeot J. Roles of positive and negative feedback in biological systems [J]. Comptes rendus-Biologies, 2002, 325 (11): 1085-1095.

[16] Cosentino C., Curatola W., Bansal M., et al. Piecewise affine approach to inferring cell cycle regulatory network in fission yeast [J]. Biomedical Signal Processing and Control, 2007, 2(3):208-216.

[17] Diego D. B., Thompson M. J., Gardner T. S., et al. Che-

mogenomic profiling on a genome-wide scale using reverse-engineered gene networks [J]. Nature Biotechnology, 2005, 23 (3): 377-383.

[18] Elowitz M. B., Levine A. J., Siggia E. D., et al. Stochastic gene expression in a single cell [J]. Science, 2002, 297 (5584): 1183-1186.

[19] Feng H. D., Wang J. A new mechanism of stem cell differentiation through slow binding/unbinding of regulators to genes [J]. Scientific Reports, 2012, 2 (8): 1051-1056.

[20] Feng H. D., Wang J. Potential and flux decomposition for dynamical systems and non-equilibrium thermodynamics: curvature, gauge fild, and generalized flctuation-dissipation theorem [J]. The Journal of Chemical Physics, 2011, 135 (23): 234511.

[21] Ferrell Jr. J. E. Self-perpetuating states in signal transduction: positive feedback, double-negative feedback and bistability [J]. Current Opinion in Cell Biology, 2002, 14 (2): 140-148.

[22] Fiona M. Z., Slee E. A., Lu X. A complex barcode underlies the heterogeneous response of p53 to stress [J]. Nature Reviews Molecular Cell Biology, 2008, 9 (9): 702-712.

[23] Frauenfelder H., Sligar S. G., Wolynes P. G. The energy landscapes and motions of proteins [J]. Science, 1991, 254 (5038):

1598-1603.

[24] Friedman N., Linial M., Nachman I., et al. Using bayesian networks to analyze expression data [J]. Journal of computational biology: a journal of computational molecular cell biology, 2000, 7 (3-4): 601-620.

[25] Garciaojalvo J., Elowitz M. B., Strogatz S. H. Modeling a synthetic multicellular clock: repressilators coupled by quorum sensing [J]. Proceedings of the National Academy of Sciences of the United States of America, 2004, 101 (30): 10955-10960.

[26] Gajjar M., Candeias M. M., Laurence M. C., et al. The p53 mRNA-Mdm2 interaction controls Mdm2 nuclear trafficking and is required for p53 activation following DNA damage [J]. Cancer Cell, 2012, 21 (1): 25-35.

[27] Gardner T. S., Diego D. B., David L., et al. Inferring genetic networks and identifying compound mode of action via expression profiling [J]. Science, 2003, 301 (5629): 102-105.

[28] Geva-Zatorsky N., Rosenfeld N., Itzkovitz S., et al. Oscillations and variability in the p53 system [J]. Molecular Systems Biology, 2006, 2 (1): 33.

[29] Gillespie D. T. Exact stochastic simulation of coupled chem-

ical reactions [J]. Journal of Physical Chemistry B, 1977, 81 (25): 2340-2361.

[30] Gonze D., Halloy J., Goldbeter A. Robustness of circadian rhythms with respect to molecular noise [J]. Proceedings of the National Academy of Sciences of the United States of America, 2002, 99 (2): 673-678.

[31] Gérard C., Gonze D., Goldbeter A. Effect of positive feedback loops on the robustness of oscillations in the network of cyclin-dependent kinases driving the mammalian cell cycle [J]. Febs Journal, 2012, 279 (18): 3411-3431.

[32] Hamard P. J., Manfredi J. J. Mdm2's dilemma: to degrade or to translate p53? [J]. Cancer Cell, 2012, 21 (1): 3-5.

[33] Hamstra D. A., Bhojani M. S., Griffin L. B., et al. Real-time evaluation of p53 oscillatory behavior in vivo using bioluminescent imaging [J]. Cancer Research, 2006, 66 (15): 7482-7489.

[34] Hanahan D., Weinberg R. A. The Hallmarks of Cancer [J]. Cell, 2000, 100 (1): 57-70.

[35] Han B., Wang J. Least dissipation cost as a design principle for robustness and function of cellular networks [J]. Physical Review E Statistical Nonlinear and Soft Matter Physics, 2008, 77

(3 Pt 1): 257-260.

[36] Hao Y. K., Barkai N., Leibler S. Mechanisms of noise-resistance in genetic oscillators[J]. Proceedings of the National Academy of Sciences of the United States of America, 2002, 99(9): 5988-5992.

[37] Hasty J., Pradines J., Dolnik M., et al. Noise-based switches and amplifirs for gene expression [J]. Proceedings of the National Academy of Sciences, 2000, 97 (5): 2075-2080.

[38] Hirata H., Yoshiura S., Ohtsuka T., et al. Oscillatory expression of the bHLH factor Hes1 regulated by a negative feedback loop [J]. Science, 2002, 298 (5594): 840-843.

[39] Hollstein M., Sidransky D., Vogelstein B., et al. p53 mutations in human cancers [J]. Science, 1991, 253 (5015): 49-53.

[40] Hooshangi S., Weiss R. The effect of negative feedback on noise propagation in transcriptional gene networks [J]. Chaos, 2006, 16 (2): 026108.

[41] Huang G., Xu J., Xu L., et al. Hyperbaric oxygen preconditioning induces tolerance against oxidative injury and oxygen-glucose deprivation by up-regulating heat shock protein 32 in rat spinal neurons [J]. Plos One, 2014, 9 (1): 85967.

[42] Huang Z. , Li J. X. , Su H. , et al. Large-scale regulatory network analysis from microarray data: modifid Bayesian network learning and association rule mining [J]. Decision Support Systems, 2006, 43 (4): 1207-1225.

[43] Hume D. A. Probability in transcriptional regulation and its implications for leukocyte differentiation and inducible gene expression [J]. BMC Fam. Pract. , 2000, 96 (7): 2323-2328.

[44] Jiang D. Q. , Qian M. , Qian M. P. Mathematical theory of nonequilibrium steady states: on the frontier of probabity and dynamical system [M]. NewYork: Springer, 2004.

[45] Junttila M. R. , EvanG. I. p53-a Jack of all trades but master of none [J]. Nature Reviews Cancer, 2009, 9 (11): 821-829.

[46] Kim J. K. , Jackson T. L. Mechanisms that enhance sustainability of p53 pulses [J]. Plos One, 2013, 8 (6): 65242.

[47] Kubbutat M. H. G. , Jones S. N. , Vousden K. H. Regulation of p53 stability by Mdm2[J]. Nature,1997, 387(6630):299-303.

[48] Kuo P. D. , Banzhaf W. , Leier A. Network topology and the evolution of dynamics in an artifiial genetic regulatory network model created by whole genome duplication and divergence [J]. Biosystems, 2006, 85 (3): 177-200.

[49] Kuznetsov Y. A. Elements of applied bifurcation theory [M]. Applied Mathematical Sciences, Spring-Verlag, 2010.

[50] Kwon C., Ao P. Nonequilibrium steady state driven by a nonlinear drift force [J]. Physical Review E, 2011, 84 (6): 1321-1340.

[51] Lahav G. Oscillations by the p53-Mdm2 Feedback Loop [J]. Advances in Experimental Medicine and Biology, 2008, 641 (12): 28-38.

[52] Lahav G. The strength of indecisiveness: oscillatory behavior for better cell fate determination [J]. Science Signalling, 2004 (264): 55.

[53] Lane D. P. Cancer. p53, guardian of the genome [J]. Nature, 1992, 358 (6381): 15-16.

[54] Lapidus S., Han B., Wang J. Intrinsic noise, dissipation cost, and robustness of cellular networks: the underlying energy landscape of MAPK signal transduction [J]. Proceedings of the National Academy of Sciences of the United States of America, 2008, 105 (16): 6039-6044.

[55] Laptenko O., Prives C. Transcriptional regulation by p53: one protein, many possibilities [J]. Cell Death and Differentiation, 2006, 13 (6): 951-961.

[56] Lee Deville R. E., Vanden-Eijnden E., Muratov C. B. Two distinct mechanisms of coherence in randomly perturbed dynamical systems [J]. Physical Review E, 2005, 72 (3 Pt 1): 031105.

[57] Lee S. G., Neiman A., Kim S. Coherence resonance in a Hodgkin-Huxley neuron [J]. Physical Review E, 1998, 57 (3): 3292-3297.

[58] Leibler S. Moving forward noisily [J]. Nature, 1994, 370 (6489): 412-413.

[59] Levine A. J., Oren M. The first 30 years of p53: growing ever more complex [J]. Nature Reviews Cancer, 2009, 9 (10): 749-758.

[60] Lewis K. Programmed death in bacteria [J]. Microbiology and molecular biology reviews: MMBR, 2000, 64 (3): 503-514.

[61] Lewis R. S. Calcium signaling mechanisms in T lymphocytes [J]. Annual Review of Immunology, 2001, 19 (1): 497-521.

[62] Li C. G., Chen L. N., Aihara K. Synchronization of coupled nonidentical genetic oscillators [J]. Physical Biology, 2006, 3 (1):37-44.

[63] Li C. H., Wang E. K., Wang J. Landscape and flux decomposition for exploring global natures of non-equilibrium dynamical

systems under intrinsic statistical fluctuations [J]. Chemical Physics Letters, 2011, 505 (1): 75-80.

[64] Li C. H., Wang E. K., Wang J. Potential flux landscapes determine the global stability of a Lorenz chaotic attractor under intrinsic flctuations [J]. Journal of Chemical Physics, 2012, 136 (19): 194108.

[65] Li C. H., Wang J. Landscape and flux reveal a new global view and physical quantifiation of mammalian cell cycle [J]. Proceedings of the National Academy of Sciences of the United States of America, 2014, 111 (39): 14130-14135.

[66] Li C. H., Wang J. Quantifying Waddington landscapes and paths of non-adiabatic cell fate decisions for differentiation, reprogramming and transdifferentiation [J]. Journal of the Royal Society, Interface, 2013, 10 (89): 57.

[67] Li D. F., Li C. G. Noise-induced dynamics in the mixed-feedback-loop network motif [J]. Physical Review E, 2008, 77 (1): 011903.

[68] Liu H., Wang Y., Zhang Y., et al. TFAR19, a novel apoptosis-related gene cloned from human leukemia cell line TF-I, could enhance apoptosis of some tumor cells induced by growth factor

withdrawal [J] . Biochemical and Biophysical Research Communications , 1999, 254 (1): 203-210.

[69] Liu R. Y. , Diasinou F. , Shreyans, S. , et al. cAMP response element-binding protein1 feedback loop is necessary for consolidation of long-term synaptic facilitation in Aplysia [J]. The Journal of Neuroscience: the Official Journal of the Society for Neuroscience, 2008, 28 (8): 1970-1976.

[70] Maddox J. Directed motion from random noise [J]. Nature, 1994, 369 (6477): 181.

[71] Magnasco M. O. Forced thermal ratchets [J]. Physical Review Letters, 1993, 71 (10): 1477-1481.

[72] Mazur J. , Ritter D. , Reinelt G. , et al. Reconstructing nonlinear dynamic models of gene regulation using stochastic sampling [J]. BMC Bioinformatics, 2009, 10 (1): 448.

[73] Mitrophanov A. Y. , Groisman E. A. Positive feedback in cellular control systems [J]. Bioessays: News Reviews in Molecular Cellular Developmental Biology, 2008, 30 (6): 542-555.

[74] Muratov C. B. , Vanden-Eijnden E. , WeinanE. Self-induced stochastic resonance in excitable systems [J]. Physica D Nonlinear Phenomena, 2005, 210 (3-4): 227-240.

[75] Neiman A., Saparin P. I., StoneL. Coherence resonance at noisy precursors of bifurcations in nonlinear dynamical systems [J]. Physical Review E, 1997, 56 (1): 270-273.

[76] Nicolis G., Prigogine I. Self organization in nonequilibrium systems: from dissipative structures to order through flucuations [M]. New York: Wiley, 1977.

[77] Onn B., Ferrell J. E., Rong L., et al. Interlinked fast and slow positive feedback loops drive reliable cell decisions [J]. Science, 2005, 310 (5747): 496-498.

[78] Patrick C. Inhibiting the p53-MDM2 interaction: an important target for cancer therapy [J]. Nature Reviews Cancer, 2003, 3 (2): 102-109.

[79] Pikovsky A. S., Kurths J. Coherence resonance in a noise-driven excitable system [J]. Physical Review Letters, 1997, 78 (5): 775-778.

[80] Pomerening J. R., Sontag E. D., Ferrell J. E. Building a cell cycle oscillator: hysteresis and bistability in the activation of Cdc2 [J]. Nature Cell Biology, 2003, 5 (4): 346-351.

[81] Prives C. Signaling to p53: breaking the MDM2-p53 circuit [J]. Cell, 1998, 95 (1): 5-8.

[82] Puca R., Nardinocchi L., Givol D., et al. Regulation of p53 activity by hipk2: molecular mechanisms and therapeutical implications in human cancer cells [J]. Oncogene, 2010, 29 (31): 4378-4387.

[83] Purvis J. E., Karhohs K. W., Caroline M., et al. p53 dynamics control cell fate[J]. Science, 2012, 336(6087): 1440-1444.

[84] Qian H. Mesoscopic nonequilibrium thermodynamics of single macromolecules and dynamic entropy-energy compensation [J]. Physical Review E, 2001, 65 (1): 016102.

[85] Qian H. Open-system nonequilibrium steady state: statistical thermodynamics, flctuations, and chemical oscillations [J]. The Journal of Physical Chemical B, 2006, 110 (31): 15063-15074.

[86] Ran B., Varda R. When mutants gain new powers: news from the mutant p53 field [J]. Nature Review Cancer, 2009, 9 (10): 701-713.

[87] Raser J. M., O' Shea E. K. Noise in gene expression: origins, consequences, and control [J]. Science, 2005, 309 (5743): 2010-2013.

[88] Reichl L. E. Modern course in statistical physics [M]. Uni-

versity of Texas Press, Texas, 1984.

[89] Rimkus C., Martini M., Friederichs J., et al. Prognostic significance of downregulated expression of the candidate tumour suppressor gene SASH1 in colon cancer [J]. British Journal of Cancer, 2006, 95 (10): 1419-1423.

[90] Rinaldo C., Prodosmo A., Mancini F., et al. MDM2-regulated degradation of HIPK2 prevents p53Ser46 phosphorylation and DNA damage-induced apoptosis [J]. Molecular Cell, 2007, 25 (5): 739-750.

[91] Roland W. S., Wai S. C., Thomas S., et al. Robust cell polarity is a dynamic state established by coupling transport and GTPase signaling [J]. Journal of Cell Biology, 2004, 166 (6): 889-900.

[92] Roon M. A. V., Aten J. A., Oven C. H. V., et al. The initiation of hepatocyte-specific gene expression within embryonic hepatocytes is a stochastic event [J]. Developmental Biology, 1989, 136 (2): 508-516.

[93] Ruan G. R., Qin Y. Z., Chen S. S., et al. Abnormal expression of the programmed cell death 5 gene in acute and chronic myeloid leukemia[J]. Leukemia Research, 2006, 30(9): 1159-1165.

[94] Santos S. D. M., Verveer P. J., Bastiaens P. I. H. Growth

factor-induced MAPK network topology shapes Erk response determining PC-12 cell fate[J]. Nature Cell Biology,2007, 9(3):324-330.

[95] Savageau M. A. Biochemical systems theory: Operational differences among variant representations and their signifiance [J]. Journal of Theoretical Biology, 1991, 151 (4): 509-530.

[96] Savas T., Hughey J. J., LeeT. K., et al. Single-cell NF-kappaB dynamics reveal digital activation and analogue information processing [J]. Nature, 2010, 466 (7303): 267-271.

[97] Schrodinger E., Penrose R. E. What is Life?: with Mind and Matter and Autobiographical sketches [M]. Cambridge University Press, Cambridge, 1992.

[98] Scott M., Hwa T., Ingalls B. Deterministic characterization of stochastic genetic circuits[J]. Proceedings of the National Academy of Sciences of the United States of America, 2007, 104 (18): 7402-7407.

[99] Seidman J. G., Seidman C. Transcription factor haploinsufficiency: when half a loaf is not enough [J]. The Journal of clinical investigation, 2002, 109 (4): 451-455.

[100] Smolen P., Baxter D. A., Byrne J. H. Interlinked dual-time feedback loops can enhance robustness to stochasticity and persist-

ence of memory [J]. Physical Review E, 2009,79(3 Pt 1): 031902.

[101] Spinola M., Meyer P. S., Falvella F. S., et al. Association of the PDCD5 locus with lung cancer risk and prognosis in smokers [J]. Journal of Clinical Oncology, 2006, 24(11): 1672-1678.

[102] Stommel J. M., Wahl G. M. Accelerated MDM2 auto-degradation induced by DNA-damage kinases is required for p53 activation [J]. The Embo Journal, 2004, 23 (7): 1547-1556.

[103] Tang J., Yang X. Q., Ma J., etal. Noise effect on persistence of memory in a positive-feedback gene regulatory circuit [J]. Physical Review E, 2009, 80 (1): 1274-1287.

[104] Thomas R., Kaufman M. Multistationarity, the basis of cell differentiation and memory. I. Structural conditions of multistationarity and other nontrivial behavior [J]. Chaos An Interdisciplinary Journal of Nonlinear, 2001, 11 (1): 170-179.

[105] Tian X. J., Liu F., Zhang X. P., et al. A two-step mechanism for cell fate decision by coordination of nuclear and mitochondrial p53 activities [J]. Plos One, 2012, 7 (6): 38164.

[106] Tortora G., Caputo R., Damiano V., et al. A novel MDM2 anti-sense oligonucleotide has anti-tumor activity and potentiates cytotoxic drugs acting by different mechanisms in human colon cancer

[J]. International Journal of Cancer, 2000, 88 (5): 804–809.

[107] Van Kampen N. G. Stochastic processes in physics and chemistry [M]. North–Holland , 1981.

[108] Vogelstein B. , Lane D. , Levine A. J. Surfing the p53 network [J]. Nature, 2000, 408 (6810): 307–310.

[109] Vousden K. H. , Lane D. P. p53 in health and disease[J]. Nature Reviews Molecular Cell Biology, 2007, 8 (4): 275–283.

[110] Wang J. , Li C. H. , Wang E. K. Potential and flux landscapes quantify the stability and robustness of budding yeast cell cycle network [J]. Proceedings of the National Academy of Sciences of the United States of America, 2010, 107 (18): 8195–8200.

[111] Wang J. , Li C. , Wang E. Potential and flux landscapes quantify the stability and robustness of budding yeast cell cycle network [J]. Proceedings of the National Academy of Sciences of the United States of America, 2010, 107 (18): 8195–8200.

[112] Wang J. , Verkhivker G. M. Energy landscape theory, funnels, specifiity, and optimal criterion of biomolecular binding [J]. Physical Review Letters, 2003, 90 (18): 188101.

[113] Wang J. W. , Zhang J. J. , Yuan Z. J. , et al. Noise-induced switches in network systems of the genetic toggle switch [J].

BMC Systems Biology, 2007, 1 (22): 50.

[114] Wang J., Xu L., Wang E. K., Huang S. The potential landscapeof genetic circuits imposes the arrow of time in stem cell differentiation [J]. Biophysical Journal, 2010, 99 (1): 29–39.

[115] Wang J., Xu L., Wang E. K. Potential landscape and flux framework of nonequilibrium networks: robustness, dissipation, and coherence of biochemical oscillations [J]. Proceedings of the National Academy of Sciences of the United States of America, 2008, 105 (34): 12271–12276.

[116] Wang J., Zhang K., Wang E. K. Kinetic paths, time scale, and underlying landscapes: a path integral framework to study global natures of nonequilibrium systems and networks [J]. The Journal of chemical physics, 2010, 133 (133): 10467–10473.

[117] Wang J., Zhang K., Xu L., Wang E. K. Quantifying the waddington landscape and biological paths for development and differentiation [J]. Proceedings of the National Academy of Sciences of the United States of America, 2011, 108 (108): 8257–8262.

[118] Wang R. Q., Zhou T. S., Chen L. N. Synthetic gene oscillators by negative feedback networks [J]. Annual International Conference of the IEEE Engineering in Medicine Biology Society. IEEE En-

gineering in Medicine and Biology Society. Annual Conference, 2004: 2877-2880.

[119] Watson J. D., Crick F. H. C. Molecular structure of nucleic acids: A structure for deoxyribose nucleic acid [J]. Nature, 1953, 171 (4356): 737-738.

[120] Wolynes P., Onuchic J., Thirumalai D. Navigating the folding routes [J]. Science, 1995, 267 (5204): 1619-1620.

[121] Wu W., Wang. J. Potential and flux fild landscape theory. I. Global stability and dynamics of spatially dependent non-equilibrium systems [J]. Journal of Chemical Physics, 2013, 139 (12): 121920-121921.

[122] Xiong W., Ferrell J. E. A positive-feedback-based bistable' memory module' that governs a cell fate decision [J]. Nature, 2003, 426 (6965): 460-465.

[123] Xu L., Chen Y., Song Q., et al. PDCD5 interacts with Tip 60 and functions as a cooperator in acetyltransferase activity and DNA damage [J]. Neoplasia, 2009, 11 (4): 345-354.

[124] Xu L. J., Hu J., Zhao Y. B. et al. PDCD5 interacts with p53 and functions as a positive regulator in the p53 pathway [J]. Apoptosis, 2012, 17 (11): 1235-1245.

[125] Yang Y. H., Zhao, M., Li W. M., et al. Expression of programmed cell death 5 gene involves in regulation of apoptosis in gastric tumor cells [J]. Apoptosis, 2006, 11 (6): 993-1001.

[126] Yan H., Zhao L., Hu L., et al. Nonequilibrium landscape theory of neural networks [J]. Proceedings of the National Academy of Sciences of the United States of America, 2013, 110 (45): 4185-4194.

[127] Yeung M. K. S., Jesper T., Collins J. J. Reverse engineering gene networks using singular value decomposition and robust regression [J]. Proceedings of the National Academy of Sciences of the United States of America, 2002, 99 (9): 6163-6168.

[128] Yuri A. K. Elements of applied bifurcation theory [M]. NewYork: Spring-Verlag, 1995.

[129] Zhang B., Wolynes P. G. Stem cell differentiation as a many-body problem [J]. Proceedings of the National Academy of Sciences of the United States of America, 2014, 111 (28): 10185-10190.

[130] Zhang F., Xu L., Zhang K., Wang E. K., Wang. J. The potential and flux landscape theory of evolution [J]. Journal of Chemical Physics, 2012, 137 (6): 2840-2847.

[131] Zhang X. P., Cheng Z., Liu F., et al. Linking fast and slow positive feedback loops creates an optimal bistable switch in cell signaling [J]. Physical Review E, 2007, 76 (3 Pt 1): 031924.

[132] Zhang X. P., Liu F., Cheng Z., et al. Cell fate decision mediated by p53 Pulses [J]. Proceedings of the National Academy of Sciences of the United States of America, 2009, 106 (30): 12245-12250.

[133] Zhang X. P., Liu F., Wang W. Interplay between Mdm2 and HIPK2 in the DNA damage response [J]. Journal of the Royal Society, Interface, 2014, 11 (96): 1058-1069.

[134] Zhang X. P., Liu F., Wang W. Regulation of the DNA damage response by p53 cofactors [J]. Biophysical Journal, 2012, 102 (10): 2251-2260.

[135] Zhang X. P., Liu F., Wang W. Two phase dynamics of p53 in the DNA damage response [J]. Proceedings of the National Academy of Sciences of the United States of America, 2011 (108): 8990-8995.

[136] Zhuge C. J., Chang Y., Li Y. J., et al. PDCD5-regulated cell fate decision after ultraviolet-irradiation-induced DNA damage [J]. Biophysical Journal, 2011, 101 (11): 2582-2591.

[137] Zhuge C., Sun X., Chen Y., et al. PDCD5 functions as a regulator of p53 dynamics in the DNA damage response [J]. Journal of Theoretical Biology, 2016 (388): 1-10.

[138] 艾树涛. 非平衡态热力学概论 [M]. 武汉: 华中科技大学出版社, 2009.

[139] 曹志, 王卫东. P53 脉冲的研究现状与展望 [J]. 生物化学与生物物理进展, 2015, 42 (2): 147-153.

[140] 杜颖, 洪天配. TF-1 细胞凋亡相关基因 19 与甲状腺肿瘤之间关系的初步探讨 [J]. 中华内科杂志, 2003, 42 (7): 492-494.

[141] 雷锦志. 系统生物学 [M]. 上海: 上海科学技术出版社, 2010.

[142] J. D. 沃森, T. A. 贝克, S. P. 贝尔, A. 甘恩, 等. 基因的分子生物学 [M]. 杨焕明, 等, 译. 北京: 科学出版社, 2009.

[143] 陆启韶. 分岔与奇异性 [M]. 上海: 上海科技教育出版社, 1995.

[144] 陆启韶, 彭临平, 杨卓琴. 常微分方程与动力系统 [M]. 北京: 北京航空航天大学出版社, 2010.

[145] 孙春玲, 乔杰, 高冬霞. 凋亡调控蛋白 Bcl-2、Bax、

P53 和 PDCD5 在多囊卵巢综合征各级卵泡的表达［J］. 中国妇产科临床杂志，2006，7（2）：122-125.

［146］吴庆余．基础生命科学［M］. 北京：高等教育出版社，2002.

［147］余康康，刘顺爱，李文凡等．促凋亡因子 PDCD5 与 Fas 在肝癌及其癌旁组织中的表达［J］. 世界华人消化杂志，2008，16（16）：1820-1824.

［148］张家军，王军威，苑占江，周天寿．噪声诱导多细胞系统的同步切换［J］. 生物化学与生物物理进展，2008，35（8）：929-939.

后　记

本书是我的博士论文，回首四年的博士生活，有过辛苦的工作，有过成功的喜悦，亦有过失败的沮丧，但心中倍感充实。在四年的学习生活中，要感谢诸多良师益友的深切鼓励与关怀，在他们诚挚的帮助下，我才得以不断获得进步与成功，并顺利走过人生中最重要的一段旅程。在此，特向帮助和支持我的老师、同学、朋友、家人表示衷心的感谢！

首先，我要感谢我的导师杨卓琴教授四年来对我的关心、鼓励和教导，在我读博期间，杨老师在学习和科研方面对我细心地指导和耐心地帮助，更是以严谨求实的态度和孜孜不倦的精神影响着我，而且在生活方面也给予我关心、理解和支持。博士论文的完成倾注了杨老师大量的心血，在论文完成之际，向我的导师表示真诚的感谢！

其次，感谢雷锦志教授，雷老师在讨论班上教给我学术前沿的知识，他敏锐的科研洞察力，让我深深地折服。论文中的许多难点和关键点的攻克都受到雷老师的启发和帮助，在此，向雷老师表示深深的感谢！

还要感谢陆启韶教授在学习和生活上给予我指导和关心，陆老师对学术的信仰与忠诚，谦和不阿、严谨宽容的理念，是我学习的榜样。感谢王青云教授，在他的指引下，我才能来到北航继续学习深造，谢谢王老师在学术上给我提供的指导建议。

感谢郝丽杰和诸葛昌靖、靳慧琴给予的帮助，也感谢其他师弟师妹们给我带来丰富多彩的生活；感谢我的同学吴艳、李海银和李小翠，以及和我一起读博的何小燕和王娟，她们的陪伴使我的博士学习生活不孤单。

感谢北京航空航天大学数学与系统科学学院的领导和老师，特别是谭青详老师给予的帮助。

感谢我的单位内蒙古财经大学对我读博的支持，尤其是统计与数学学院老师对我的支持和帮助。

感谢我的父母、公婆、爱人和儿子，他们的默默付出和鼓励是我完成学业的动力。

最后，感谢每一位给予我关爱的人，是他们让我相信生活是美好的，让我倍加珍惜。